"지천에 천대받고 깔려있는 식물이 명약"

초판 인쇄 / 2018년 11월 12일
초판 발행 / 2018년 11월 13일

지 은 이 / 권순채
펴 낸 이 / 민관홍
펴 낸 곳 / 경성문화
등록번호 / 제2018-000061호
등 록 일 / 2018년 3월6일

주   소 / 서울 특별시 마포구 독막로32안길 29(신수동)1
대표전화 / 02)713- 3284

지천에 천대 받고 깔려있는 식물이 명약

도서출판 경성문화

목 차

머리말

  평생 농사를 짓다보니 꽃과 풀, 나무들을 많이 접하게 되고, 관심을 가지게 된 것이다.

  어릴 때는 부모님을 따라 논, 밭으로 많이 다니게 되었다. 봄이면 산과 들로 뛰어다니면서 꽃을 꺾으며 놀았고, 여름이면 소 먹이러 이산 저산 다녔고, 가을이면 온 산천이 붉게 물들고 가을걷이 하는데 따라 다니면서 일을 도왔다, 겨울이면 땔나무 하느라 온 산을 다니기도 하였다.

  이러다 보니 어릴 때부터 흙과 접하고 나무, 꽃과 어울려 생활 한 것이다.

  농사를 짓다보니 언제나 식물을 접하게 되고 관심을 가졌는데 알고보니 그중에는 우리가 모든 것이 그러하듯이 과일에도 약이 되는 것이 있고 독이 되는 것도 있다. 채소도 마찬가지다.

  그러나 그 모든 것이 그냥 먹는 것이 아니라 알고 먹으면 약이 되고 모르고 먹으면 독이 되는 것도 우리 주위에는 많이 있다.

  못 먹는 잡초 중에도 좋은 약이 되는 것이 있는가 하면, 늘 먹는 과일도 많이 먹으면 안되는 것도 있다.

이번에 이 책에 실린 것은 천대받는 것이 약이 되는 것 지금은 귀한 것이 된 보리, 배추, 양파, 파 등도 한때는 천덕꾸러기 신세를 면치 못했으나 옛날 귀하게 여긴 것 보다 더 비싸니 말이다.

그래서 필자는 수십 년 전부터 그때마다 신문, 잡지에 투고하기도 하였다. 그 당시는 천덕꾸러기라 내버릴 때도 약이 된다니 더 많이 먹게 된 일도 있었다. 그것이 도리어 지금은 귀하신 것이 되었다.

아무리 하찮은 것이라도 어떤 때는 좋은 약이 되는 것이 있다.

그래서 이 책에는 우리가 쉽게 접하면서 천대받는 것을 많이 실었다.

이 책이 나오게끔 이끌어 주신 안홍열님과 도서출판경성문화 사장님과 작원 여러분께도 고마움을 전하는 바이다.

2018년 여름
경주 갬디미 마을에서
지은이 권 순 채

01
쇠무릎(우슬)

논 뚝, 밭 뚝, 길섶, 담장 밑 등에서 자라는 여러해살이 풀이다. 키가 큰 것은 1m 쯤 되는 것도 있다. 그러나 보통 30~50cm 내외이다. 잎은 끝이 날카롭고 타원형이며 줄기는 모가지고 마디는 불룩하다. 그래서 소의 무릎같이 생겼다고 하여 쇠무릎이라고 하고 한약 명으로 우슬(牛膝)이라고 한다.

꽃은 늦여름에 줄기 끝 또는 잎겨드랑이에서 적은 꽃이 피고 열매를 맺는다. 줄기 끝에는 가시같이 생겨 옷에 닿으면 달라붙기도 한다.

씨앗은 성숙 할 때 채집하여 4월경에 파종하고 늦가을에 뿌리를 캐어 잘 씻어 말리고 잎은 그늘에서 말린다. 맛은 시고 쓰다.

약재로는 이뇨, 임질, 월경이상에 말린 잎을 가루로 만들어 술에 타 먹으면 된다.

무릎이 아플 때 또는 요통에는 뿌리를 달여 먹는다.

뱀에게 물렸을 때 응급처치로 생 잎사귀를 비벼 두껍게 붙인다.

가시에 찔렸을 때 생잎사귀를 비벼서 바르기도 한다

02
꼭두서니 (천근)

꼭두서니 과의 여러해살이 풀이다. 봄이나 여름에 길을 걷다보면 울타리나 탱자나무에 가는 가시가 무수히 달리면서 줄기는 네모지고 덩굴을 이루면서 잎은 길면서 하트형을 이루고 4장이 윤생이고 2장은 정엽이고, 2장은 탁엽이다. 늦여름이나 초가을에 담황색의 작은 꽃이 피고 이것이 익으면 검정팥알 만한 구과가 된다.

뿌리는 옛날에 염료로 사용하기도 하였다.

가을에 잎을 따서 그늘에 말리고 뿌리는 캐서 햇볕에 하루정도 말렸다가 그늘에 말리면 된다. 맛은 달거나 약간 덟다.

피를 토하거나 식은 땀나는 감기와 이뇨, 심장병, 강장제로 사용하면 효과를 볼 수 있다.

통경제에는 씨앗 2~8g을 달여 먹기도 한다.

이른 봄 어린순을 나물로 먹기도 한다.

18 지천에 천대 받고 팔려있는 식물이 명약

03 마타리(패장)

산과 들에 잘 자라는 여러해살이풀로서 마타리과 이다. 속명에 여장화라는 이름은 꽃이 피어 있는 모습을 보고 붙인 것으로 가을에 꽃피는 일곱가지 것 중에 대표적인 꽃으로 알려져 있다.

경주 지방에서는 어린 싹을 봄에 나물로 할 때 뚜깔이라고 한다. 산과 들 특히 야산의 풀밭에서 잘 자란다.

키가 1m 넘게 크고 잎과 흡사하고 상부 잎은 가늘고 긴 단엽을 이루는데 가을에 제일 윗가지 끝에 노란 빛깔의 작은 꽃이 무리를 이루어 핀다.

가을에 야산이나 들판에 가면 가느다란 꽃대위에 노랗게 꽃을 피운 것을 볼 수 있다.

뿌리는 굵고 특유한 냄새가 난다.

씨앗은 완전히 익은 것을 받는다. 봄에 파종을 한다.

가을부터 겨울에 걸쳐서 굵은 뿌리만 골라서 캐어다가 물에 씻어 햇볕에 말린다.

잎과 뿌리를 약제로 쓴다. 건위제로 쓰는데 나쁜 피나 고름을 빨아내는데 사용하고 맹장염, 대하증에도 사용한다.

밭이나 논뚝 또는 집 정원에 심어 화초나 나물, 약재로 사용하면 보기도 좋다.

04
감국(들국화)

길섶이나 밭에서 많이 나는 풀로서 잎은 국화와 비슷하다. 키가 1m에 달하는 것도 있다.

뜸을 뜨는데 쓰이기도 한다. 일반인에게 많이 알려진 약초이다.

약재로 쓸 때는 잎은 그늘에서 말리고 종자도 그늘에서 말린다. 맛은 쓰다.

눈을 밝게 한다고 해서 종자 10g을 달여 마시기도 한다.

위산과다에 청즙을 술잔으로 한잔.

잇몸에서 피가 나고 하혈에는 잎 20g 생강 3쪽을 넣고 물3홉 부어 2홉이 되도록 달여서 술잔으로 한잔씩 먹으면 된다.

가을에 노오랗게 꽃이 피었을 때 따서 그늘에 말려 차로 달여 먹으면 향기가 매우 좋다.

05
여뀌(수료)

길가나 냇가에 다른 잡초와 어울려 자라고 있다. 이풀을 베어다가 짓 찧어서 그 진액을 채소나 나무에 뿌려주면 벌레가 죽기도 한다. 경주 지방에서는 약국대라고 한다.

마디풀과로 1년생이다. 작은 풀도 있지만 큰 것은 엄청나게 큰 것도 있고 굵은 것도 있다.

잎은 피침꼴이고 줄기마다 마디에서 어긋나게 난 잎이 있다.

잎은 매운 맛이 있어서 짐승들도 먹지 않는다. 가지 끝에 이삭모양의 꽃이 피는데 흰색과 붉은색 등이 있다. 줄기 전체에 털은 없고 홍갈색 을 띠고 잎은 가장자리는 밋밋하고 뒷면에는 작은 선침이 빽빽하다. 잎자루는 없고 엽초모양의 떡잎은 가장자리에 털이 있다.

꽃은 가지 끝에 달린다. 열매는 수과로서 납작한 난형으로 검은색이 다. 꽃받침에 싸여있다.

전체를 짓찧어서 고기잡이 해충방제에도 쓰인다.

지혈 부스럼에도 쓰인다.

타박상 벌레 물린데도 생풀을 지찌어서 붙인다.

우리 주위에서 아무쓸모 없는 잡초로 여기지만 그래도 어딘가 쓸모 있는 약재로 쓰일 때가 있다.

06
도라지(길경)

 7~8월경 산에 가면 보라색 꽃이 핀 것을 볼 수 있고, 집근처에는 흰 꽃이 핀 도라지를 볼 수 있다.

 도라지는 도라지과에 속하는데 경주지방에서는 돌개라고 부르는데 한약명으로는 길경이라 한다. 어린잎은 나물로 뿌리는 약용으로 쓴다. 흰꽃은 우리민요 도라지 타령에 나오고 보라색은 백제의 국화였다고 한다.

 우리나라 전역에서 자생하는 다년초이다. 키가 1m 정도 크는데 초가을에 보라색, 흰색 꽃이 피고 뿌리는 약용 또는 나물로 해 먹기도 한다. 산과 들 어디든지 잘 자란다.

 씨앗은 9월에서 10월경에 채종을 하여 다음해 봄에 뿌리면 된다. 뿌리는 2~3년생 아니면 5~6년생 뿌리를 가을부터 봄 사이에 캐어다가 깨끗이 씻고 겉껍질을 벗기고 햇볕에 말리면 되고 6~7월경에 뿌리를 캐면 껍질이 잘 벗겨진다.

 제품은 빠른 시일 내 햇볕에 말린 것, 희고도 고운 것이 최고품인 것이다.

 기관지염, 해독제, 식용, 제약원료 등에 쓰인다.

 도라지는 집안의 정원이나 유휴지 채소밭 귀퉁이 등에 심어 놓으면 화초로도 되고 식용, 약용으로 유용하게 쓸수 있다.

 꽃은 요즈음 꽃차도 끓여 먹으면 좋다고 한다.

지천에 천대 받고 팔려있는 식물이 명약 27

07
띠(모근)

　지금부터 40여 년 전에 맨발로 논둑을 다니다 보니 발바닥에 무엇인가 찌르는 듯 하였는데 그것이 바로 띠였다.

　우리가 어린 시절 이른 봄에 띠가 피기 전에 뽑아서 그 몽실몽실한 것을 보드라울 때 먹은 기억이 있다.

　벼과에 속하는 띠는 뿌리와 줄기를 약용으로 쓰는데 한약명은 모근(茅根)이라고 한다.

　여러해살이 풀인데 냇가, 언덕, 논둑, 밭둑에 많이 자란다.

　흰 뿌리가 자라면서 번식하는데 이른 봄 언덕배기에서 어린애들이 피기 전에 뽑아 먹는데 단맛이 있고 쫀득하여 맛이 좋다.

　줄기는 60~90cm정도 자라고 뿌리에서 30cm 정도의 꽃대가 올라와 개꼬리 털 같은 이삭 꽃이 핀다.

　11월경에 뿌리가 끊어지지 않게 캐어내서 물에 깨끗이 씻어 햇볕에 4~5시간 말려다가 껍질을 벗기고 햇볕에 4~5일간 말리고 비나 이슬을 안 맞도록 그늘에서 말린다. 뿌리와 줄기는 이뇨제로 쓰인다.

08
으름덩굴(목통)

 산과 들 구렁텅이 낭떠러지에 가면 둥근 잎을 가진 덩굴성나무에 바나나 비슷하게 달린 열매를 먹기도 하는데 약이면서 먹거리인 것이다. 낮은 산이나 햇볕이 잘 드는 다소 습도가 많은 숲속이 적지이지만 덩굴성식물이 다 그렇듯이 무엇이든지 감고 오르는 것이다. 요즘은 정원수로도 애용하기도 한다.

 특징 이라면 덩굴성 식물이라서 나무면 나무 바위면 바위 무엇이든지 감고 올라가며 뻗어 가는데 덩굴나무인 것이다. 잎은 손바닥 모양을 이룬 잎이 다섯 개인데 4~5월경에 암?수꽃이 한포기에 피고 초가을에 자색을 띤 타원형의 과일이 달린다.

 씨앗은 가을에 성숙한 과일에서 채집하여 바로 심어도 되지만 이른 봄에 심으면 좋다. 약으로 쓸 뿌리는 늦가을에 캐서 깨끗이 씻어 건 껍질을 벗기고 얇게 잘라서 몇 일간 말려서 제품으로 하면 된다.

 소염성 이뇨, 위염, 임부 유종, 이뇨제 등으로 이용한다.

 으름덩굴을 집에 재배하면 과일도 따먹고 보기도 좋고 시원하게 그늘도 만들어 줌으로 정원수 아니면 높은 논밭뚝에 심어 재배하면 좋다.

09
산나리(백합)

전국 산야에 자생하는 여러해살이 풀로서 꽃이 맑고 깨끗하고 향기로워 많은 사람들로부터 사랑을 받아 부활절에는 백합의 수효가 모자랄 지경이라고 한다.

생장 적지라면 낮은 산이나 평지의 양지쪽 비옥한 땅에서 물 빠짐이 잘 되는 곳이 적지이다.

특징이라면 줄기가 큰 것은 1m가 넓게 자라는데 줄기 끝에 두 갈래 정도로 갈라져 한 가지에 한 송이씩 꽃이 핀다. 꽃잎을 보면 중간쯤에서 다섯 갈래로 벌어지고 벌어진 조각은 말려 뒤집힌다. 특히 꽃에는 강한 향기가 있다. 잎은 짙은 녹색이고 잎줄기가 없이 평형 맥을 이룬다. 뿌리는 약용, 먹거리로도 쓴다. 열매 안에는 날개가 달린 씨앗이 많이 있다.

씨앗은 완전히 익은 열매에서 채집하면 된다.

파종은 봄에 하면 된다.

약으로 쓸 때는 가을에 캐어서 물에 깨끗이 씻어서 햇볕에 말린다.

자양 강장제, 진해거담제로 쓰기도 한다.

10
더덕(사삼)

여름과 가을에 걸쳐 산속에서 잡초와 뒤섞이어 자생하는 덩굴성 여러 해살이 풀로서 전국 각지에서 많이 자라고 있지만 재배도 많이 한다. 산 악지대의 비옥한 토질에 습한 땅에 반그늘이 진 곳에서 잘 자란다.

줄기가 1~2m정도 뻗어 나가는데 풀 전체에 거친 털이 있고 줄기가 1 개 내지 2~3개로 똑바로 자라며 잎을 보면 아랫것은 원추형이고 윗부분의 잎들은 피침 형을 이루고 3~6개씩 둘러나고 가장자리는 날카로운 거친 톱니모양이다.

가을이 되면 줄기의 정점에서 몇 개의 가지가 생겨 나와서 담자색 또는 담청색의 작은 꽃이 원추형으로 아래를 향하여 피고 꽃이 떨어지면 달걀모양의 열매를 맺고 그 속에 가늘고 작은 씨앗이 들어 있다. 뿌리는 도라지와 비슷하다.

모든 것이 도라지와 비슷하다고 여길지 몰라도 줄기를 보면 도라지는 바로 올라가는 대신 더덕은 덩굴성이다. 맛도 다르다.

성숙한 열매에서 씨앗을 채집하면 된다. 더덕은 씨앗을 뿌리고 싹이 나오면 이듬해 봄에 옮겨 주어야 한다.

파종은 3~4월 초에 씨앗을 뿌리어서 늦가을 또는 이른 봄에 옮겨 심어야 한다. 약이나 먹거리로 사용 할 때는 9월이나 10월경에 잎이 마른 뒤에 캐낸다.

 캐낸 뿌리는 잔뿌리를 모두 제거하고 물에 씻어서 햇볕에 말리어서 사용하면 된다.

 뿌리는 거담제로 사용하고 어린 싹은 나물로 먹으면 된다. 기억력 향상, 진정작용, 향피로에 좋다고 한다. 더덕은 도라지와 함께 채소 반찬으로 많이 쓰인다.

11
마(산약)

 산과 들에 절로 자라는 덩굴성 여러해살이 풀이다. 한약명은 산약이라 한다.

 성장적지라면 전국 어디든지 잘 자란다.

 특징이라면 줄기는 가늘고 길게 뻗으며 잎은 여러 개 붙고 잎자루가 길고 달걀꼴로서 잎 끝이 뾰족하다.

 7~8월경에 열매가 생기며 뿌리는 둥근꼴과 긴 기둥 꼴이며 꽃은 암꽃 수꽃으로 나누고 잎의 어깨에서 3~5개의 이삭꼴의 흰 꽃이 핀다. 수꽃의 이삭은 하늘로 향하고 암꽃은 밑으로 매달리고 암포기 잎겨드랑이에 8~9월경에 씨앗꼬투리가 생긴다.

 뿌리는 가는 줄기에 달리면서 원추형으로 땅속 깊이 달리는데 달린 덩어리에서 가늘게 줄기가 뻗어 나가다가 또 달린다. 성숙한 꼬투리에서 씨앗을 채집한다.

 씨앗은 채집 즉시 파종하거나 그렇지 않으면 포대 속에 보관하였다가 다음해 봄에 파종한다.

 뿌리는 3년 이상 자란 포기에서 캐어다가 물에 씻어서 겉껍질을 벗기고 햇볕에 충분히 말려야 한다.

 자양강장제, 소화불량자의 만성 장염, 식은 땀, 신경쇠약, 당뇨병 등에 쓰인다.

마 하면 백제 무왕과 신라의 선화공주에 대한 전설이 유명하다.

그리고 모든 한약재가 그러듯이 알고 먹어야지 무턱대고 먹다가는 독약이 될 수 있다.

몇 년 전에 우리 논 뒤에 전설이 있는 우물이 있는데 뒤 석축이 무너져서 다시 쌓을 때 마뿌리가 많이 있기에 그것을 가지고 집에 와서 생것을 몇토막 먹었는데 토하는데 몸속에 있는 것 모두 토한 예가 있기에 그렇기 때문에 알고 먹어야지 무턱대고 먹으면 안된다는 것을 알았다.

12
치자나무(치자)

   부침이나 떡에 색깔을 낼 때 치자나무 열매를 많이 이용한다. 그야말로 자연염료인 것이다. 우리나라 사람들은 옛부터 식물의 열매나 풀에서 그 색깔을 많이 이용해왔다. 최근에는 포도껍질로도 많이 사용한다.

   모시떼, 쑥, 쇠뜨기, 치자, 밤, 호두 등을 많이 이용해왔다.

   특히 치자는 물들이는데 많이 이용해왔다.

   천초과인데 남부지방에서 따뜻한 산중에서 자생하는 다년생나무이다

   꽃이 피면 아름다운 향기가 있어 정원수로도 많이 재배한다.

   습기가 많은 곳으로 약간 그늘진 곳에서 잘 자라는데 우리나라에서는 경상남도와 경북 남부지방에서 노지에 재배하기도 한다.

   치자나무는 아래로부터 가지가 많이 자라 광택이 나는 짙은 녹색의 잎이 많이 달려서 나무를 덮어버리는 것과 같이 보이기도 한다.

   6~7월경에 희고 큰 꽃이 피어 아름다운 향기를 내품어 주면서 꽃이 진 후에는 치자라는 과실이 달리고 성숙하면 황홍색의 열매로 익는다.

   채종은 늦가을 부터 초겨울이 좋다.

38 지천에 천대 받고 팔려있는 식물이 명약

심을 때는 야생 것을 심어 주면 된다. 3월경이 적기이다.
11월부터 12월 사이에 황색으로 익은 것을 따서 그늘에 말리면 된다.
이담제로 쓰이고 먹거리의 색깔로 사용하면 좋다.

13
방아풀(연명초)

　산과 들에 저절로 자라는 여러해살이 풀이다. 광대나물과 식물인데 특이한 향 때문에 추어탕이나 부침 등에 사용하기도 한다.

　평지 잡목이 우거진 숲속이나 들이나 산의 마루에 햇빛이 잘 드는 곳에서 잘 자란다.

　키는 1m 정도 인데 둥굴며 길고 끝이 뾰족하다. 가장자리는 톱니모양이고 풀 전체에 털이 많이 나 있고 꽃은 가을에 가지 끝에 감자색의 작은 꽃이 핀다. 꽃이 핀 뒤에는 둥근 흑갈색의 씨앗이 맺힌다. 또 풀 전체가 쓴 맛이다.

　씨앗은 겨울에 성숙할 때 받으면 된다. 받은 씨앗은 봄에 밭에 뿌리면 된다.

　수확은 재배 할 때에는 7월에 한번 베어내고 9월말에서 10월초에 다시 또 베어낸다.

　자연 생은 9월경에 베어내면 된다.

　베어낸 방아풀을 잎과 줄기는 나누어서 햇빛에 잘 말려야 한다.

　고미 건위제로 쓰이기도 하지만, 각종 국을 끓일 때 특히 추어탕 또는 부침에 넣으면 특이한 맛이 나기도 한다.

14
붉나무(오배자)

　전국 산야에서 잘 자라는 낙엽성 교목이다. 이 나무 잎사귀에 매달린 벌레집을 보고 오배자라고 한다. 붉나무는 소나무가 우거진 산야나 돌이 많은 산의 계곡의 습한 땅에서 많이 자란다. 키는 5m 내외이고 잎은 겹잎이고 어겨 붙어있고 길이는 30cm 내외이고 둥근 갓 둘레가 톱니와 같다. 7~8월경에 황백색의 꽃이 피고 10월경에 둥글고 납작한 열매가 달리고 완숙하면 붉어진다. 가을에 단풍이 일찍 드는 것은 붉나무, 옻나무, 개옻 등이 있다. 붉나무 잎사귀에 매달린 벌레집을 오배자라고 하는데 수확하려면 진디기가 중간 기생하는 초롱이끼와의 거리가 멀지 않아야 한다. 초롱이끼의 생장적지는 양지바른 산기슭이나 소나무가 울창한 주변이나 계곡 습지이다. 초롱이끼를 한 평 내지 두 평 넓이의 초롱이끼를 15개 정도 분할하여 이식하여야 한다. 9월 초 중순경에 오배자진더기가 벌레집을 뚫고 나가기 전에 따야 한다.

　오배자가 잘 익기 전에 따면 탄닌산의 함유량이 적어져서 품질이 떨어진다. 채취한 벌레집은 끓는 물에 삶아서 햇볕에 바싹 말려야 한다. 약으로는 지혈, 입안이 헐었을 때 사용하고 공업용으로 피혁제조 염료로서 쓰이고 탄닌산 제조 원료로서는 최상품이다.

15
잔대(제니)

 산과 들에 저절로 나는 여러해살이 풀이다. 경주지방에서는 딱지라고 부른다. 도라지과 식물인데 뿌리는 더덕과 비슷하고 꽃은 도라지와 비슷하다. 한약명은 제니라고도 한다.

 키는 1m 정도 자라고 잎은 원추형이다. 꽃은 여름철에 종 모양으로 피고 색깔은 담자색이다. 잎은 어긋나고 밑은 심장형이고 가장자리에 톱니가 있다.

꽃의 끝부분은 5갈레로 벌어지고 열매는 낙과로 10월에 맺힌다.

 봄에 뿌리를 캐서 겉껍질을 벗기고 햇볕에 말린다. 잘 말리어 황백색이 좋다고 한다.

 열이 나고 갈증이 날 때 사용한다.

 담을 삭히고 가래도 멈춘다. 그리고 해독약으로 쓴다.

 봄에 어린잎은 나물로 사용하고 뿌리는 약용 또는 나물로 무쳐 먹기도 한다.

정원에 심어 화초로도 보면 좋다.

16
오이풀(지유)

 이풀의 잎을 뜯어 문지르면 수박냄새가 난다고 하여 수박풀 또는 오이 냄새가 난다고 하여 오이풀이라고 부르는데 한약명으로 지유라고 한다.

 산과 들에 자라는 여러해살이 풀이다. 산과 들에 햇볕이 잘 드는 풀밭이 최적지이다.

 둘레가 톱니와 같고 복엽으로 된 작은 잎이 여러 장 호생 한다. 꽃은 8~9월에 걸쳐서 작고 어두운 홍자색의 꽃이 이삭과 같이 축 늘어진 모양으로 동그랗게 모여서 핀다.

 뿌리줄기는 굵고 가로로 뻗는다. 색깔은 바깥 면은 암갈색이고 파절 면은 담황색 또는 담홍색으로 맛은 쓰다.

 씨앗은 완전히 익은 것을 채집한다. 묘상에 씨앗을 뿌렸다가 봄, 가을에 옮겨 심는다.

 10월 말에서부터 겨울에 걸쳐 뿌리를 캐어서 물에 씻어서 햇볕에 말려서 잔뿌리를 없애고 약으로 쓰면 된다.

 각혈, 토혈, 빈혈, 월경과다 등에 사용한다.

 집 정원에 심어 놓으면 화초로서 보기 좋다.

17
익모초(충위자)

 한방에서는 꽃필 무렵에 지상부를 베어다가 말려서 산후의 지혈 부인병 약으로 사용하였기 때문에 익모초라 불리게 된 것이다. 꿀풀과의 1년생 초본이다.

 햇볕이 잘 드는 언덕이나 들이 최적지이다.

 익모초는 1년 때와 2년 때가 모양이 다르다. 1년 때에는 잎줄기가 둔한 톱니 모양을 이루고 6~7개의 잎이 자라는 것으로 해를 넘기게 된다.

 2년 때는 50~100cm로 자라며 줄기는 네모꼴이고 잎을 길게 세 갈래로 벌어지고 위쪽은 가늘고 긴 잎으로 변한다. 8~9월경에 윗부분의 잎이 붙은 자리에 순형의 맑은 홍자색의 꽃이 핀다.

 영근 씨앗을 9~10월경에 받으면 된다.

 씨앗은 봄에 뿌리면 된다.

 잎과 줄기의 수확은 꽃필 때가 적기이다.

 꽃이 피었을 때 베어다가 빠른 시일에 말려야 한다.

 여자들에게 산후지혈, 부인병에 사용한다.

18
호두나무(호도)

낙엽성 교목으로 호두과 나무이다. 호두나무를 추자나무라고도 부른다. 유기질이 풍부한 토양과 돌이 섞인 곳이 적지이다.

높이는 20m 정도 자라고 굵기는 1m 넘게 달하는 교목인데 위쪽에서 가지가 벋어져 사방으로 벋어 나가고 크고 넓은 날개 모양의 잎이 제일 먼저 눈에 띈다. 5월경 새잎과 함께 수꽃과 암꽃이 각각 별도로 피어나고 과실은 겉껍질이 있고 그 안에 단단한 껍질이 감싸고 그 안에 먹는 알이 있다. 가을에 성숙한 과실을 따고 딴 과일은 겉껍질을 벗기고 단단한 껍질을 깨어서 속에 있는 핵과를 햇볕에 말리어 약재로 쓴다. 동맥경화증 자양강장제로 쓰이기도 한다.

호도는 속 뇌와 껍질, 기름, 나무껍질을 모두 약으로 사용한다. 속살은 고소하고 맛이 있어 먹거리로만 이용되어 왔으나 기운을 돕거나 피를 도우고 기침이 나거나 허리가 아플 때 관절염이 있거나 신경을 많이 쓰고 편두통 일 때 머리가 많이 희어지는 사람들에게 오래 전부터 많이 쓰는 식용 약물이다.

호두껍질 속에 전갈이라는 약을 두 마리 넣고 불속에 넣어 태워 가루를 만들어 두었다가 입속이 헐거나 입술이 틀 때 바르면 잘 낫는다.

호두를 구멍을 내어 태워 껍질채 가루로 하여 부인 자궁출혈 때에 1일 3회 1개월을 쓰면 좋다. 청호두를 겉껍질을 짓찧어서나오는 물을 들기름에 섞어 머리에 바르면 흰머리 염색약으로 된다.

호두나무를 여러 가지 가구를 만드는데 쓰는 재목이다.

19
머위

산과 들 습기가 많은 곳에 자라는 여러해살이풀이다. 국화과 식물이다. 저절로 나기도 하고 재배하기도 한다. 줄기가 땅속으로 사방 뻗어나가면서 번식을 하고 잎은 땅속 줄기에서 나오고 신장형 원형이다. 가장자리에 불규칙한 톱니가 있다.

꽃은 암수 딴 그루이고 두상화서가 산방생으로 꽃줄기 끝에 민생하고 꽃줄기는 이른 봄에 큰 비늘잎에 싸여 밑동에서 나오고 암꽃은 흰색이고 수꽃은 녹백색 양성화술 모두 결실하지 않는다. 암꽃은 결실하고 열매는 수과 원통모양, 털이 없고 관모는 흰색이다.

꽃은 3월 말경에 피는데 잎이 올라올 듯 말듯 할 때 꽃대가 길게 올라와서 희지도 푸르지도 않은 꽃이 핀다.

단백질, 칼슘, 지방, 당질, 섬유질, 회분, 인 등이 골고루 들어있는 영양채소이다.

용종, 암, 편도선염에도 좋다고 한다. 봄에 꽃봉오리를 따서 말린다. 달여서 차처럼 마시면 기침이 멎고 가래가 삭는다. 기관지염, 천식 후두염에 좋다.

머위는 무엇보다 이른 봄 부드러운 잎을 삶아서 쌈 싸먹으면 입맛도 돋우고 약도 되는 식물이다.

20
궁궁이(천궁)

 궁궁이라고 불리는 천궁은 특이한 냄새가 있어서 쉽게 찾을 수 있는
데 잎은 미나리와 비슷하다. 미나리과의 여러해살이인데 30~60cm 큰
것은 1m가 넘는 것도 있다.
 잎은 2회 우상 복엽이고 작은 잎은 달걀형 피침형이다.
 가장자리에는 톱니가 있다. 꽃은 여름에 핀다.
 습기가 많은 산골짜기에 있다.
 가을에 뿌리를 캐서 물에 씻어서 말리면 된다.
 산후 출혈, 치질로 인한 출혈, 빈혈, 부인병 등에 쓰인다.
 천궁은 특이한 냄새가 나서 좋은 것이다.

21
쑥갓

특이한 향내가 나는데 영거지과 1~2년생 초이다.

 잎은 쑥과 비슷한데 독특한 향기가 나고, 잎은 호생, 밑이 줄기를 감싸고 다소 육질적이다. 꽃은 흰색, 노란색인데 줄기 끝에 한 송이씩 달리고 가장자리의 설상화는 암꽃이다. 가운데 관상화는 양성화다. 충포 편은 넓고 가장자리는 막질, 열매는 숙과 삼각기둥 모양이다. 모서리는 날개 모양 짙은 갈색이다. 효능은 불면증, 변비, 위장질환 완화등이다 쑥갓은 먹거리로 쌈용으로 많이 이용한다. 우리나라 곳곳에 많이 재배하고 있다.

22
들깨(임자)

들깨는 하나도 버릴 것이 없는데 잎은 식용, 열매는 기름 , 줄기와 잎에는 독특한 냄새가 나기도 한다. 꿀풀과의 1년생이다.

잎은 긴 잎자루 끝에 달리고 달걀형인데 가장자리에는 톱니가 있는데 부드럽다.

꽃은 8~9월에 희게 핀다. 들깨 잎은 어릴 때는 생것도 먹고 삶아서도 먹으며 가을에 노란 잎을 따서 물에 담가서 삭혀가지고 삶아서 반찬으로 해 먹기도 하고 씨앗은 기름을 짜서도 먹는다.

들깨는 봄에 씨앗을 뿌려서 6월 7월초까지 옮기어도 된다.

수확은 10월초에 하면 된다.

땅은 유기질 함량이 많은 땅이 좋지만 별로 가리지 않아도 잘 자란다.

그래도 척박한 땅 보다는 기름진 땅이 좋다.

고혈압, 기침, 거담, 변비, 건위제로 쓰인다.

23
차즈기(소엽)

 생긴 모양이 들깨와 닮았으나 색깔이 보라색이고 들깨는 연녹색인
것이다. 꿀풀과의 1년생이다. 그리고 독특한 냄새가 나기도 한다. 들
깨와 같이 줄기는 각을 지고, 많은 가지를 치고 키도 1m정도 자라고
잎 생긴 모양도 들깨와 똑같으나 색깔만 다르다.
8~9월에 줄기 가지 끝부분에 연보라색 꽃이 핀다.
 집 근처 밭에서 많이 재배하는데 화초와 같이 아름답다.
 잎과 열매는 약용, 씨에서 얻는 기름은 과자의 부향료, 해독제, 어린
잎과 열매는 먹거리로 쓰이나 발한, 해열, 기관지염, 어육 경독의 해독
에 쓰인다.
 가을에 베어서 햇볕에 말려서 사용하면 된다.

24
소리쟁이(양제)

이른 봄 잎이 금방 돋아난 것을 뜯어다가 끓여 먹으면 미역국과 같다고 하여 옛날에는 많이 뜯어 먹은 풀이다. 마디풀과의 여러해살이 풀이다.

지방에 따라 부르는 이름도 다른데 경주지역에서는 송구챙이라 한다. 보랏빛을 띤 굵고 튼튼한 줄기 1m 정도 자라는데 그 줄기에 긴 잎이 어긋나는데 호생, 타원형이다. 가장자리에 물결모양의 굴곡과 약간의 톱니가 있다. 잎자루는 짧고 길게 타원형을 이루고 피침형 표면에 주름이 있다. 6~7월경에 줄기의 끝에 녹색의 꽃이 핀다. 핀 꽃이 이삭과 같다.

꽃받침 3장이 크게 자라 날개 모양이 되고 과실을 감싼다.

약으로 쓰는 것은 뿌리인데 가을에 캐어다가 햇볕에 바싹 말려야 한다. 기름지고 습한 들판의 길가에 많이 자라고 있다.

이뇨, 지혈, 소화불량, 황달에 사용하고 옻, 종기, 피부병에는 생 뿌리를 짓 찧어서 생즙을 내어 바르면 된다.

어린잎은 나물이나 국거리, 뿌리는 약으로 쓰고 있는데 뿌리는 깊이 들어가고 단단한 것이 특징이다.

지천에 천대 받고 팔려있는 식물이 명약 63

25
돌나물

돌나물 하면 봄에 돌나물김치가 좋은 것이다. 깨끗한 것을 무쳐 먹으면 봄날 나른할 때 그야말로 맛 좋은 반찬인 것이다.

경주지방에서는 돌냉이라 하고 다른 지방에서는 돈나물 이라고도 한다. 돌나물과에 속하는데 산과 들에 저절로 자라는 여러해살이 풀이다. 줄기는 땅위에 기어가고 각 마디마다 뿌리가 나고, 꽃줄기는 곧게 피고 잎은 보통 3장씩이고 잎자루는 업소 긴 타원형이면서 뚱뚱하다. 긴 타원형 이면서 피침형이다.

꽃잎은 5장이고 피침형으로 끝이 뾰쪽하다. 꽃받침보다 길고 꽃받침은 5장이다. 타원형 피침형으로 꽃이 뭉뚱하다. 그만큼 물끼가 많다.

어릴 때는 나물, 김치로 많이 해먹고 요즘 암 예방에 좋다고 많이 뜯기도 한다.

습한 돌틈에 많이 자라는데 생명력이 무척 강하지만 오염되고 공해가 많은 곳에는 잘 자라지 않는다.

26
꿀풀(하고초)

6월 초쯤 산이나 들에 가면 보라색으로 꽃이 핀 것을 많이 볼 수 있다. 꿀풀과의 여러해살이 풀이다. 한약명으로 하고초라 한다. 줄기는 각을 지우고 난형, 장난형인 잎은 마주나고 전체에 털이 나있다.

꽃은 보라색으로 5월에서 7월사이에 피는데 짧은 원추형의 꽃잎은 이삭형으로 줄기 끝에 난다. 여름이 되면 꽃이 갈색으로 변하여 마치 고사한 것 처럼 보이기 때문에 하고초라고 한다. 열매는 소견과로 9월에 황갈색으로 익는다.

여름에 꽃이 시들면 채취하여 물에 깨끗이 씻어서 그늘에 말린다.

콜레스테롤을 내리고 혈압 강하 작용으로 고혈압에 쓴다. 소염, 면역 억제, 연골 보호, 관절염 개선에 효과적이고 혈당강하 당뇨로 인한 대사성 장애개선에 쓴다. 황달, 간염에도 쓴다. 만성 위장장애 환자는 신중을 기해야 한다.

안약으로 쓸 때는 달인 물을 탈지면에 적시어 사영한다.

그 외에 이뇨, 소염, 소변 불금, 간염, 안보중기 젖몸살에 쓰인다. 외용약으로 쓸 때는 달인 물로 씻거나 짓찧어 환부에 붙인다.

27
모시풀(저근)

 모시하면 옛날에는 삼처럼 껍질을 벗겨서 그 유명한 모시옷을 만드는 원료이고 잎은 어릴 때와 부드러운 것은 송편과 절편의 색을 내는데 쓰인다. 떡의 색소란 치자와 모시풀, 쑥이 대표적인 것이다. 쐐기풀과의 여러해살이 풀이다.

 키는 1~2m정도 큰다. 뿌리는 단단한 나무와 같이 땅속에서 옆으로 뻗고 줄기는 둥글고 잔털이 있다. 잎자루는 길고 넓은 난형이다. 끝은 길게 뾰족하고 규칙적인 톱니가 있다. 표면은 짙은 녹색이고 뒷면은 솜털이 빼곡히 있으며 희다.

 꽃은 암수 한 그루이고 원추 화서로서 잎겨드랑이에 달린다.

 화서가 잎자루보다 짧다. 수꽃 호서는 줄기 밑에 암꽃화서는 줄기위에 달린다. 모시 잎에는 철분이 우유보다 많고 골다증이나 퇴행성 관절염에 좋다고 한다. 그래서 송편 할때는 으레히 모시잎을 사용한다.

 수꽃은 황백색 암꽃은 연녹색 여러개의 꽃이 모여 둥글게 되고 열매는 수과로 타원형이고 여러개가 붙어 있다.

 껍질은 옷감으로 쓰고 뿌리는 약용으로 쓰인다.

28
가지(가자)

가지는 가지과 식물로 한해살이며 인도가 원산지이다.

여러 가지 요리에도 많이 쓰이고 열매꼭지, 꽃, 줄기, 잎 등이 약재로 쓰인다. 가지는 꼭지에 가시가 많고 적음에 따라 씨앗이 많고 적음을 알 수 있다. 비 단백질로서 무기질인 칼리와 회분이 반을 차지하고 있어서 떫은맛을 지니고 있다. 약용으로는 성질이 냉하고 감미롭다. 피부에 사마귀 티눈 땀띠가 있을 때 문지르면 효과적이다.

버섯을 먹고 중독이 되었거나 체했을 때 가지 꼭지를 삶아서 먹거나 날것을 먹으면 해독이 된다.

가지에 버섯을 넣어 조리 하는 것은 식중독 예방에 좋다.

가지는 따뜻하게 먹는 것은 금물이다. 가지는 냉 성질이기 때문이다.

동상에는 가지뿌리를 달여 찜질을 하던지 담그고 있으면 효과적이다. 죽은 깨에는 생가지를 저면서 문지르고 기침이 오래 계속될 때는 가지꼭지를 4~5개씩 달여 마신다. 젖꼭지가 갈라질 때는 묵은 가지를 태워 가루를 내어 뿌려 주던가 하면 된다. 생이손에는 꼭지 달인 물에 담그면 낳는다.

꽃은 한 가지에 1~3개 정도 피고 그중에서 맨 처음의 꽃만이 열매를 맺는다.

영양분이 많은 채소는 아니고 비타민 A, B1,B2,c 약간 포함 할 뿐이다. 그리고 가지는 반찬이나 장아찌 또는 말려서 조리해먹기도 한다.

29
고구마

구수한 맛과 내음이 가득한가 하며는 추운겨울 거리의 군고구마 냄새와 맛은 우리에게 정감을 주는 고구마는 메꽃과의 여러해살이다.

벼, 보리, 콩 등에 비하면 재배 관리가 간단하다. 싹을 기르기만 하면 마디마디 잘라서 심어만 놓고 줄기만 뻗어나가면 되는 만큼 쉬운 것이다. 그 때 부터는 줄기의 잎줄기를 꺾어 반찬으로 해먹기도 하는 것이 고구마이다. 기상변화에도 저항력이 강하다.

비타민 A, B1, B2, C가 고루 들어 있고 단백질 당질이 많고 우수한 알칼리성식품이다.

고구마를 먹을 때 소금기가 많은 김치를 먹는 것이 합리적이라고 한다. 비장과 위를 튼튼하게 하고 혈액순환을 원활하게 한다.

고구마의 알칼리 성분이 체내의 나트륨이 빠져 나가는 것을 소금이 보충시켜 주기 때문이다. 수지 성분이 있어 배설을 촉진 시킨다. 많이 먹으면 피부가 고와진다.

주성분이 전분이기 때문에 비만, 고혈압, 당뇨, 심장질환을 앓는 사람에게는 좋지 않다. 청소년들에게는 좋은 간식이 되기도 한다.

고구마는 물기가 많아 저장하기에 어렵기 때문에 썰어서 말리어 저장하며 소주 만드는데 쓰기도 한다.

고구마를 저장하는 방법은 30~35°C 습도 90% 이상인 방에다 4~6시

간 두었다가 10°C 가량 되는 곳에 보관하면 된다. 이것은 겉껍질이
단단해져서 병균의 침입이 힘들기 때문이다.

30 마늘

 마늘은 자극성이 있는 냄새와 매운 맛을 지닌 양념식물이다.
 백합과에 속하는 여러해살이인데 중앙아시아가 원산지이다. 그러나 우리나라 중국 일본 등지에서 많이 재배한다. 특히 우리나라에서는 고추와 마늘이 없으면 안 될 만큼 중요한 양념작물이다.
 마늘 속에 들어 있는 알린이란 성분은 알리나아제의 작용으로 분해되어 알리신이라는 성분으로 변한다.
 알리신은 비타민 B1과 결합하면 B1보다 훨씬 강한 알리시아민이라는 성분으로 바꾸게 된다. 신경통, 피로회복, 회춘, 심장병, 정력증진에도 효과가 인정되고 있다. 그리고 폐결핵, 해열제로 감기 초기에 좋다.
 인체의 응용은 생마늘을 먹게 되면 인체 상부에 좋고 살짝 구워 먹으면 소화기계통에 좋다. 간장이나 된장, 고추장 등에 절여 반찬으로 하며는 하복부의 냉정에 유효할 수 있다. 정력 강화에는 구워 먹으면 좋고 뜸을 뜰 때 잘라서 뜨면 효과가 빠르다.
 콜레라균이 싫어하는 것이 마늘이라고도 한다. 우리 식탁에 마늘을 빼놓을 수 없다. 각종 요리와 김치 등에는 꼭 마늘이 들어가기 때문이다.

31
밤(율)

밤하면 껍질은 거칠은 가시가 빼곡이 쌓인 그 안에 까만 알밤이 들어 있는데 그것을 먹으면 고소한 맛이 있다. 밤은 생것도 먹지만 삶아서 먹기도 하고 구워서 먹는 군밤은 추운 겨울날 추억의 옛날이 생각나기도 한다. 밤나무는 참나무과의 낙엽 활엽수이다.

밤은 여러 가지 먹거리로 이용되고 있는데 제사상에는 빠질 수 없이 올라가는 과실인 것이다. 수겸성으로 껍질은 염색으로 잎은 옻독이나 습진 등이 있어 진물이 날 때 잎을 삶아서 씻으면 잘 낳는다.

기운을 높이고 신기를 돕고 위와 장을 보한다는 밤은 살이 찐 사람이나 병이 있는 사람에게 먹거리, 약용으로 쓸때는 생밤을 오래 먹으면 좋다. 속껍질을 벗기지 말고 그냥 먹으면 시력이 좋아진다고 한다.

속껍질을 말려서 가루로 만들어 꿀이나 달걀 흰자위를 섞어서 잔주름인 얼굴에 바르면 잔주름이 펴진다고 한다.

말린 밤을 가루로 하여 먹으면 산후조리에 좋다, 차멀미에도 생밤을 씹으면 좋다.

무릎아래가 저리고 무거울 때나 위나 장기능이 약한 사람에게는 생밤을 오래 먹으면 좋고 각기병에도 효과를 볼 수 있다.

밤나무는 질이 단단하여 습기에 잘견디어 각종 건축재로 많이 쓰이고 밤은 녹말이 풍부하므로 제과등 먹거리로 쓰인다.

32
사과

,새콤달콤한 맛에 마을마다 새빨간 사과가 익어가는 탱자나무 울타리가 지금은 추억 속으로 사라지고 없다. 사과나무는 능금과의 교목이다. 포도당, 과당, 서당, 능금산 등이 주성분인 사과는 나무껍질과 뿌리껍질에는 프로리진이 있고, 씨 속에는 백담체인 아마그다린과 지방유가 있고 칼리, 인산, 비타민A, B도 있다.

식용으로는 날것으로 먹고, 각종 요리 재료로도 쓰인다. 특히 식초의 원료로도 쓰인다.

약효로는 소화제의 구실을 하고 설사를 할 때는 변비증에도 유효하다. 고혈압에는 오래 먹으면 좋고, 빈혈에도 좋다. 피부미용에도 좋으며 혈액을 알칼리로 바꿔주는 효력도 있다. 새벽이나 잠들기 전에 복용하면 숙면과 혈액의 막힘, 미용에도 효과적이다.

칼륨의 성분이 있어 혈압을 정상화 시키는 주성분이기도 하다.

가을에 피부가 거칠거나 터지는데는 껍질로 비벼주면 부드럽게 되고 버짐이 있어 보기 흉할 때는 생즙을 바른다. 자연식 요법에 으뜸이기도 하다. 산모가 많이 먹으면 젖이 많아지고 임신 중에 먹으면 영양식품으로도 좋다.

33
부추(구)

 부추는 지방에 따라 정구지 솔로 불리우는데 달래과에 딸린 여러해 살이 풀이다. 봄철에 비늘 줄기로 부터 두툼한 잎이 무더기로 모여 올라오고 8~9월경에 하얀 꽃이 무더기로 모여 피는데 우산 모양과 같다. 인도가 원산지이다. 열매는 익으면 까만씨가 있는데 이것을 한약에서는 구자라 하여 이뇨제로 쓴다.

 잎은 염분, 칼슘 함량이 많고 특이한 냄새가 많고 집에서는 부추를 부침, 국거리 등으로 이용하고 있는데 약재로는 위열을 제거하고, 목에 가시가 찔린 것을 다스리고 어혈을 가시게도 한다. 부추에는 소변 색을 다스리고 약 중독, 개, 뱀, 독충 등에 물린 독을 제거시킨다. 대, 소장을 보하고 식체로 설사 할 때 된장국에 넣어 끓여 먹으면 멎기도 한다. 오장을 편하게 하고, 허함을 보하고 무릎을 따스하게 하고 답답한 가슴을 없앤다. 다른 채소에 비해 다습게 하는 작용이 있어 건강한 사람은 평소에 자주 먹으면 보하고 병약한 사람은 오래 먹을 것이 못된다. 맛이 맵고 강한 냄새 때문에 꺼리는 사람들도 있다. 이때는 김을 조금 먹으면 냄새를 없애기 때문에 꺼릴 염려는 없다.

 무릎이 자주 시린 사람과 밤에 오줌을 싸는 어린이 조루증이 있는 사람 대하증 등에는 부추를 쪄서 복아 가루를 내어 먹으면 좋다.

기관지염으로 인한 기침에는 부추 생즙을 구토에는 부추 즙에 생강 즙을 복용, 월경불순에는 부추 즙 한 공기를 뜨거운 소금물과 함께 마신다. 홍역, 발진이 잘 안될 때 부추 뿌리를 달여 먹이면 좋다.
 인사불성 일때는 부추 즙을 코속에 넣어 주든지 하고 코피 날때는 뜨겁게 해서 마신다. 식은땀이 날때는 부추 뿌리 50개를 진하게 달여 마시면 좋다. 마늘, 파, 달래 같은 것은 비타민 B1 결핍증에 좋고, 부추는 헐은 데 발라도 좋다.
 부추는 채소 반찬 뿐 만 아니라 약재로도 쓰이는 좋은 먹거리이다.
 부추는 어디에도 심어도 좋지만 땅이 기름지면 좋다.

34
비름(현실)

 부드러우면서 반들반들 한 비름은 나물로 하여 먹으면 고소한 맛에 입속에 침이 흐르기도 한다.

 비름과의 일년생풀이다. 채소 반찬으로도 해 먹지만 약재로도 쓴다.

 혓바늘이 솟고 입맛이 없어 혀가 알알이 화끈화끈 할 때 쇠비름의 뿌리를 달여 마시든다 양치질을 자극하게 되면 부드럽고 혓바늘이 없어지고 입맛이 되살아난다.

 아랫배가 냉할 때 비름 뿌리를 찧어 따뜻이 하여 아랫배에 얹어 주면 낳는다.

 독충에 물렸을 때 생즙을 내서 바르고 빈열이 일고 잠이 부족 할 때 나물로 먹으면 수면제 구실을 한다.

 이질에 비름나물을 먹으면 입술이 자주 마를 때 붉은색 비름의 생즙을 바르면 입술 트는데 좋다.

 종창에 이질을 없애고 소갈, 오림, 제독, 백추에 효과적이다.

 온 줄기가 녹색인데 줄기는 곧개 자란다. 잎은 긴 잎 꼭지가 있고 어긋나고 마름모꼴의 달걀 모양이다.

 잎은 녹색, 홍색, 암자색 등 여러가지가 있다. 잎 가장자리에는 톱니가 없다.

꽃은 녹색인데 7월경에 핀다. 열매는 타원형으로 흑갈색이고 조자는 1개이고 익으면 옆으로 퍼진다.

들판에 많이 자라는데 어릴때 부드러운 것은 나물로 또는 약재로 사용하기도 한다.

35
양배추

배추와 달리 두꺼우면서 윤기가 나는데 유럽이 원산으로 십자화과 2년생 재배초본이다.

양배추 전체에 흰 가루가 있으며 잎들은 동굴 동굴하고 바깥 잎은 녹색이고 안쪽은 하얀색인데 단맛이 나고 연하다.

오랫동안 저장 할 수 있고 향기도 있어 가정 요리로 많이 이용되고 체질을 건강하게 해주며 유행병에 대한 저항력을 길러준다.

씨앗과 잎은 사용하는 바가 다르고 식용으로는 삶아 쌈을 싸먹기도 하고 죽을 쑤어 먹기도 하며 환자의 양식이 되어주고 막 김치로도 이용한다.

씨앗은 잠이 오게 하는 작용이 있어 불면중인 경우에는 살짝 복아서 가루를 내어 따뜻한 물에 타서 먹으면 좋다.

잎은 민간에서 이용도가 높은데 맛이 달고 눈을 맑게 하고 귀 울림이 있을 때나 심장이 약할 때 소심공포증 있어 가슴이 자주 뛸 때 항상 건강에 관심을 갖고 있는 노인과 잔병치레를 잘하는 어린이에게 황달이 있어서 눈망울이 노랗고 소변이 누렇게 되었을 때 잎을 그대로 먹어도 된다. 그런데 잎을 생즙을 내어 마시는 것이 더 효과적이다. 잎은 푸른 부분은 질기나 영양분은 더 높다,

성분은 탄분, 단백질, 지방 섬유 등이 함유되어 있고, 채소 중에서는 비타민A, B가 가장 많다고 한다. 그런데 너무 오래 삶으면 성분이 없어진다. 그렇기 때문에 너무 오래 삶지 말고 살짝 삶으면 좋다.

생즙을 먹으면 좋다지만 기생충 감염이 염려되어 살짝 삶는 것이 좋겠다.

위궤양이나 일반 강장제라 하여 사용하는데 위궤양 이었던 사람이 변비가 없어지고 당뇨병에 혈당이 감소되는 경우는 치료되는 과정이 되겠으나 생즙을 먹고 설사하는 것은 속이 냉하기 때문에 많이 먹을 필요가 없다.

양배추는 우리 인간에게 훌륭한 먹거리인 것이다.

36
오이(호과엽)

오이를 보고 경주지방에서는 물외라고 부른다. 오이는 박과의 1년생 초본인데 인도가 원산지이다.

계절에 따라 자연은 우리에게 그 계절에 맞는 각종 먹거리를 제공해준다. 봄이면 나물, 여름이면 고추, 가지, 오이 등이 있고 가을이면 각종 과일 겨울이면 무, 배추 등이 있다.

여름철에 피부발한이 잦으면 땀띠가 나고 속이 더우면 입맛이 없어진다. 이럴 때는 여름철 먹거리인 오이가 생각난다. 위의 약으로도 작용되는 냉과채로 소화불량증을 일으켰을 때 쓰이고 각기 증상이 있어서 아래 종아리가 붓고 저릴 때 오이 덩굴을 삶아서 마신다. 더운 여름날 어린이들의 몸에 땀띠가 났을 때 오이 줄기에서 받은 생한을 바르면 좋다.

오이 생즙은 피부 미용에 좋고, 오이는 성질이 차기 때문에 과식하면 내장이 냉해져서 만성 소화불량증의 원인이 된다.

덩굴이 뻗으면 심장형으로 손바닥 모양으로 얇게 갈라진다. 암수 한 그루이고 꽃은 잎겨드랑이에서 노란 꽃이 피고 수정이 되지 않아도 열매는 씨가 없이 자란다. 열매는 원기둥형이고 익으면 황갈색으로 변한다.

86 지천에 천대 받고 팔력있는 식물이 명약

약으로 쓸 때는 더위 먹은데 이뇨제로도 쓰이는데 생것으로 먹고 화상 입었을 때는 오이 줄기에서 받은 물을 바른다.
 오이는 마디마디 열리는 마디오이와 한마디 건너 맺는 것이 있다.
 해가 짧고 기온이 낮아도 열매를 잘 맺는다. 그런데 오이는 여름철에 냉채로 많이 쓰인다.

37
옥수수

옥수수 하면 여름철 간식용으로 많이 애용되고 있을 뿐 아니라 사료 작물로도 만이 재배하고 있다. 포아풀과의 1년생 초본으로 남아메리카가 원산지이다.

우리나라에서는 강남에서 들어 왔다고 해서 강냉이로 많이 불리고 있다.

키는 1~3m 정도이고 줄기는 녹색이고 밑은 거칠고 큰 수염뿌리가 있다.

옥수수 잎이 서그럭 서그럭 부딪치는 소리에 귀뚜라미 소리가 정겨운 농촌 여름에 따끈한 옥수수를 먹는 맛은 일품이다.

잎과 줄기, 열매, 뿌리 등이 각기 다른 구실을 맡아 유용작물로 등장한다.

산골지방에서는 주식대용으로 이용하는데 우리나라에는 포르투갈 사람이 들여왔다고 한다.

옥수수는 강원도산이 으뜸이고 우리의 주식인 쌀로 무엇이든지 다하듯이 옥수수도 밥, 죽, 술, 빵 등 여러 가지를 만들고 있다. 알콜 원료도 되고 전당분이 있어 가축사료로도 이용한다.

성분은 조단백질, 지방, 전분, 섬유질, 회분, 비타민A, B 등이 있고 지방을 짜내어 기름도 만든다. 예부터 민간약으로는 부종이 있어 심장염 환자에게 죽을 쑤어 복용한다.

옥수수수염은 이뇨제로 달여 먹기도 한다.

옥수수를 뽑아 차로서 가정에서 애용하고 옥수수 뿌리를 달여 마시기도 하고 줄기 속을 씹어 생한을 아니면 주독을 풀어주고 여름철 더위 먹었거나 체한데도 좋다.

조미료의 원료에는 옥수수 대에서 좋은 미각을 추출 한다고 한다.

옥수수기름을 하루 3~4회 복용하면 천식, 편두통, 이뇨, 누다래끼, 버짐, 습진에 좋고 기름을 머리카락에 바르든가 하면 윤택하고 보자제와 발모촉진제의 역할도 하는 것으로 알고 있다.

옥수수는 열매, 줄기, 뿌리 어느 것도 하나도 버릴것이 없는 작물이다.

38
참깨(흐마)

　고소한 참기름은 우리 식탁에 빠질 수 없는 식용유인 것이다. 참깨과의 1년생 초본이다.

　동인도가 원산지이다. 대궁이가 쭉 뻗어 올라가는데 잎 사이에 짧은 꽃대가 뻗고 그 끝에 하얀 꽃이 종 모양으로 8~9월에 핀다.

　깨는 검은깨와 흰깨가 있다. 흰깨는 물에 가라앉고 검은깨는 뜨는 것이다.

　깨소금과 참기름등 조미료와 유기작물인 것이다.

　소화가 잘 되는 만큼 성분을 보면 지방유 55% 단백질이 21% 회분 3.5% 등이 함유되어 있는 만큼 허약한 사람에게 미음에 섞어 마시게 하면 교미제 역할도 한다.

　근육과 피부에 좋고 눈도 밝게 한다. 목이 마를 때 참깨를 씹으면 갈증을 멈추게도 한다.

　근육조직에 탈력을 넣어 주고 새롭게 도움도 준다. 구토가 심할 때나 변비 중에도 효과적이고 두통이 자주 일때 백장을 막는 예방도 되고 어린아이의 머리 헌데 참깨를 찧어 바르면 낫는다.

　약용으로는 검은깨 참기름이 좋다. 병후회복에 깨죽을 쑤어 먹고, 검은깨 기름은 눈병 결막염에 좋고 연고의 재료로 응용된다. 건강작용에는 날것으로 먹어도 된다.

검은깨는 신장에 이롭고 흰깨는 폐를 보한다.

먹거리로 가공 할 때는 볶든가 아니면 기름을 쓰고 특히 참기름은 채독에 좋고 버짐이나 얼굴이 틀 때 참기름을 바르고 모든 중독증상에 참기름을 먹고 설사를 하면 제독이 되고 독충에 물렸을 때 그 자리에 참기름을 바르기도 한다. 살이 찌고 싶으면 참깨를 볶아 매일 식사 때마다. 먹으면 좋다.

참깨는 고소한 만큼, 조미료와 향유의 작용으로 우리 식탁 먹거리에 없어서는 안 될 유기작물인 것이다.

39
참외(과채)

여름하면 수박과 참외 서리를 생각하지만 오늘날은 생각도 못한다. 옛날에는 장난으로 여겼지만 오늘날은 남의 것을 하나라도 따먹으면 도둑으로 여기니 말이다.

그만큼 세상이 각박하고 무서운 것이다.

고온 건조한 기후와 가뭄에 잘 견디는 참외는 박과의 1년생 덩굴식물이다.

냄새도 특이한 여름철 과일이다.

폐, 위, 비주에 응용되고 간장에 농공이 생겼을 때 이용하고 구토가 있어 토하려 할 때 황귀의 치료약으로 민간에서 쓰여 왔다.

결정성 고미질인 멜라테민을 함유하고 있다.

참외가 덩굴에서 저절로 떨어진 꼭지를 떼서 말린 것을 밀기울과 섞어서 볶아 쓰게 되는데 억지로 따서 말린 것은 약효가 적다.

최토제로도 이용되고 발한제, 거담제에 이용된다.

독극물을 잘못 먹었을 때 가슴에 담이 차서 답답할 때 명치끝에 매달린 듯 군침이 자주 생길 때 다리 부종이 있고 황저가 있을 때 과식으로 먹고 체했을 때 한번에 0.8~2.5g이 적당한데 과히 먹으면 구토를 하고 해롭다.

황저에는 참외 꼭지를 붉은 팥과 같이 달여 마시면 위로는 토하고 아

래는 설사가 나서 담증이 낳으며 또 황달초기에 참외꼭지를 가루를
내어 고수에 넣으면 누런 물이 흐르면서 낳는다.
  껍질을 말려 동상과 수족 트는데 돼지기름에 개서 바른다.
  참외 꼭지는 버리지 말고 모아두고 약으로 쓰면 된다.
  꼬지를 과대(瓜蔕)라 하는 극성약인데 저절로 떨어진 꼭지를 모아 급
할 때 쓰면 될 것이다.

40
토마토

　몰랑몰랑 하면서 빨간 토마토는 과일이면서 채소인 것이다. 설탕에 절여 먹는 것 보다는 소금에 재어 먹으면 더 영양분이 많다고 한다. 가지과의 일년생초본인데 남미가 원산지라고 한다.

　줄기는 덩굴같이 무엇을 감고 올라갈듯 하지만 많이 뻗지는 못하고 있는 부정제한 깃모양을 하고 가지위에 작은 가지를 내고 몇 개의 꽃이 층상 꽃 타레를 이루고 노랗게 핀다.

　열매는 둥근 장과이고 처음은 황색이나 익으면 홍색이 된다.

　토마토는 갈아 농축하여 향료, 식초 등으로 이용하여 식탁에 자주 오르기도 한다.

　습기를 싫어하기 때문에 조그마한 상처만 있어도 쉽게 상하기도 한다.

　그런데 건조할 때는 입은 시들어도 열매는 붉게 물들고 오히려 맛이 좋다.

　씨당과 주당, 포도당을 포함한 당분이 함유되어 있고 새콤한 맛은 능금이 들어 있기 때문이다.

　비타민A, B, C가 들어 있어 여름에 영양제 구실을 한다.

　약제로 혈액을 맑게 하고 애주가들에게 흔한 동맥경화증과 간장경화증에 효과적인 식품으로 약이 된다.

94 지천에 천대 받고 팔력있는 식물이 명약

혈액이 산성물 알칼리로 전환 시키는 작용이 있어 보건위생적인 먹거리로 가치가 높고하여 권하고 싶다.

 피부미용이나 변비증에도 이용되어 혈액순환도 도와준다.

 생즙을 내어 얼굴을 씻으면 피부에 탄력성이 생기고 살결이 곱고 매끈하며 발모나 적정한 지방을 섭취하는데서 식사후에 토마토 쥬스를 한잔씩 마시는 것은 미용효과가 있어 좋다.

 요즈음은 비닐 하우스 재배로 인해 사철내내 토마토를 먹을 수 있어서 좋다.

41
포도

 새콤달콤한 맛이 있으며 몽실 몽실 한 알맹이에 군침이 가는 포도 하면 이육사의 청포도 '시' 가 생각난다.

 포도과의 낙엽활엽수이다. 덩굴성이라 다른 물건을 감고 올라가기도 한다.

 원산지는 지중해 소아시아로 알려져 있다.

 포도의 독특한 단맛을 내는 것은 포도당과 과당이다.

 당분을 먹으면 위안에서 분해되어 포도당과 과당으로 변해 장에 흡수된다.

 포도당과 과당은 쉽게 소화 흡수되어 피로회복에 좋고 피로 할 때 먹는 한 송이 포도 알은 다른 어떤 먹거리보다 빠른 효력이 있다.

 니노시틀 타린 등이 들어있어 장의 활력을 시켜주고 해독하는 작용도 있다.

 무기질로는 칼슘, 칼리, 철분이 많은 알칼리성 식품이다.

 포도씨는 강장제로 이용하는데 지방질이 20%정도 이고, 포도씨를 빼고 과육과 껍질을 으깨어 포도즙을 만들기도 하고 기호에 따라 쨈을 만들기도 한다.

 포도를 그냥 먹으면 소화이뇨제 역할도 하고, 정신이 몽롱하고 혼수상태일 때 일반적인 쇠약증과 허탈 증에 사용되어왔다.

항상 몸이 무겁고 나른하고 살이 찌고 까닭 없이 피곤이 잦을 때와 임질이 있을 때, 소 불리증일 때, 두중감일 때는 포도주가 효과적이다.

피부를 탄력있고 윤택하게 한다 해서 날것을 먹게 되고, 단독증이 있을 때 포도의 뿌리를 찧어 생즙을 바르면 효과적이다.

포도의 소비량에 따라 그 집의 문화 수준을 알 수 있다는 말이 있다.

42
배(이)

4월 중순 쯤 되면 하얀 배꽃이 곱기도 하지만 우아한 느낌이 들고 봄날 달밤의 하얀 배꽃이 얼마나 아름다운가 그때쯤이면 개구리가 온천지를 뒤흔들듯이 울어대는 것은 무엇보다도 배꽃이 필 때의 옛날 농촌풍경인데 지금은 옛날이야기 처럼 들린다.

배 하면 무엇보다는 희다는 느낌이지만 배에 대한 이야기는 너무나 많다.

배 먹고 이 닦기, 배 썩은 것은 딸 주고 밤썩은 것은 며느리 준다는 말이 있다.

그리고 배나무 밭에서는 갓끈도 메지 마라는 말이 있다.

그 만큼 배가 중요하다는 말이다.

배나무는 능금나무과의 떨기잎나무로 활엽수이다. 배하면 울산이라지만 울산은 공업도시가 되다보니 옛말이 되어버렸다. 1970년대 까지만 해도 배나무가 많았으나 지금은 공장과 인구가 많다보니 점점 사라져 간 것이다.

배의 당분은 과당이 대부분이고 포도당은 적다. 유기산이 적어 신맛이 거의 없다.

그래서 사과처럼 쨈도 잘 만들어 먹지도 않는다. 효소가 다량 함유되어 있어서 소화를 돕는데 육류 등에 배를 섞으면 효소의 작용으로 고기가 연하고 소화도 잘된다.

변비에도 좋고 이뇨작용도 된다. 배를 많이 먹으면 설사하는 것도 다 그런작용을 하기 때문이다.

한방에서는 담중의 기침에 배즙과 생강즙, 꿀을 타서 먹으면 좋고 복통이 심할 때 배잎을 진하게 달여 먹으면 좋다.

갈증이 심하거나 술먹은 후 소갈증에 좋으며 소화력이 약한 사람은 배를 먹으면 설사를 한다. 배는 잘난것 보다 못난것이 맛이 좋고, 부스럼이 난 사람, 산모에게는 좋지 않다고 한다. 이는 알칼리성 식품이기 때문이다.

43
땅콩

모래땅에서 재배하는 것으로 알려진 땅콩은 콩과의 1년생초로서 남미 브라질이 원산지이다.

단백질, 지방 등을 함유하고 있는데 550칼로리의 열량이 있는 산성식품이다.

지방함량이 가장 많고 고체 지방산 보다 불포화지방산이 많고 불포화 지방산에는 리놀산과 아리카논산 같은 필수 지방산이 많은 것이 특징이다.

필수 지방산은 먹어도 살이 찌지 않고, 고혈압원인이 되는 혈청 콜레스테롤을 높일 염려는 없다. 콜레스테롤을 씻어내는 효과를 가지고 있어 혈액의 세탁 역할을 하는 것으로 알려지고 있다.

무기질로는 인산레니팅 형태로 들어 있어 기름기의 소화를 간접적으로 도와주기도 한다. 고단백질 고지방에 비해 비타민B1, B2 등이 풍부해 스테미너 식품으로 높이 평가되나 고혈압, 심장병, 위장병, 여드름이 심한 사람은 삼가하는 것이 좋다.

소화흡수가 정상인 사람은 노화방지제인 비타민을 사먹을 필요없이 하루 땅콩 10개씩이면 비타민E와 F를 공급 할 수 있다.

44
상치(백거)

봄에 입맛이 없을 때 쌈을 싸먹으면 제 맛이 나고 잠도 잘 온다는 상치는 우리 선조들도 즐긴 채소 중의 하나이다. 엉거시과로 1년생 또는 월년초이다. 원산지는 유럽이다.

포도당과 아미노산이 다른 채소보다 많이 들어 있고 비타민C는 비교적 적다.

칼슘, 인, 비타민A가 우수한 식품으로 알려져 있다.

상추는 잠을 잘 이룬 것으로 알려져 있고, 황달, 빈혈, 신경과민 등에 생것으로 먹으면 치료 효과가 있고 누런 이를 희게도 한다.

산모가 젖이 잘 안 나올 때 짓찧어 물에 타먹으면 좋고 담이 있을 때 잎을 붙이면 효험이 있다고 한다.

타박상에는 싱싱한 잎에서 나오는 즙을 바르면 상처를 보호하고 피를 맑게 하기도 하고 먹거리로 쌈 싸먹는데는 최고다.

상추야 말로 봄과 여름에 없어서는 안 될 채소이나 요즈음은 사계절 쌈 싸먹는 채소중의 으뜸인 것이다.

우리 선조들은 상추를 얼마나 즐겼는지 모른다. 그만큼 우리와 친근한 먹거리 채소이다.

45
매화나무(매실)

그윽한 향기가 나는 매화나무의 열매이다. 그만큼 우리에게 친근한 꽃이 매화이고 그 열매가 매실이고 술이 매실주이다.

앵두나무과의 활엽 낙엽수이다.

매실은 덜 익은 것을 따서 껍질을 벗기고 짚불연기에 그슬려 말린 것인데 해열, 수렴, 지혈, 진통, 구충제, 갈중 방지에 유효하다고 한다.

매실에는 80%이상의 과육이 있는데 수분이 85%가량이고 10%의 당분이 있다.

유기산으로 사과산, 구연산, 주석산 등이 5%정도 있고 신맛이 강해 피로회복과 입맛을 돋우는 효과가 있다.

매실은 알칼리성 식품으로 매실에 들어있는 구연산은 해독작용이 강한 살균력이 있다. 그래서 식중독이 많은 여름철 매실을 먹으면 위속의 산성이 강해져 조금 변질된 것을 먹어도 소독이 된다.

매화를 이용한 우리 고유의 식품으로는 매화주, 매화죽, 매화차 등이 있다. 매실주는 청매 10kg에 설탕6kg, 소주 10L로 담그면 된다.

식욕증진과 매스꺼움을 갈아 앉히고 신경통과 류마티스에 효과가 있다.

매화와 매실은 우리 선조들이 사군자라 하여 그림에도 자주 등장하고 이른 봄 그윽한 향기는 그 어느 누가 맡아보아도 좋은 향기이다.

46
수박

  삼복더위에 더위를 식혀주는 수박이야말로 옛날에는 서리하는데 장난으로 여겼지만 오늘날은 한 덩이를 따나 두 덩이를 따나 도둑으로 여겼으니 말이다.

  수박은 박과에 속하는 1년생 덩굴풀이다. 더위 속에서 신경을 안정시켜주고 갈증을 풀어주고 더위를 가시게 하는 먹거리이다. 아프리카가 원산지이다.

  우리나라에는 400여 년 전에 들어온 것 같다.

  수박은 수분이 90%가 넘고 5% 넘는 당질로 구성되어 있다.

  소량의 단백질과 비타민은 우수한 기능을 발휘한다.

  수박속의 당분은 대부분 과당과 포도당이어서 쉽게 흡수되고 피로회복에 도움이 된다.

  소변이 잘 나오지 않아 피로하고 몸이 붓는 경우는 신장기능이 약한 것이므로 수박을 많이 먹는 것이 좋다.

  해열, 해독 작용이 있으며 뜨거운 햇살을 받아 매스껍거나 토하려 할 때 큰 효력을 볼 수 있다.

  수박씨에는 단백질이 18.9% 지방이 27.4% 무기질과 비타민B군이 들어있는 우수한 것이다.

지방에는 비타민F가 많아 육식을 하는 사람에게는 좋은 역할을 하기도 한다.

말린 수박씨를 소금과 함께 볶는 것이 중국요리의 전체이다.

수박씨는 차로도 달여 먹기도 한다.

여름하면 수박이 최고의 과일인 것이다. 그만큼 더위를 이기게끔 하는 먹거리이다.

47
무화과나무

한여름 몰랑몰랑하면서 달콤한 맛을 가진 무화과 나무는 가지를 많이 치지만 밑둥치에 얼마나 치는지 잘라도 잘라도 끝이 없게 올라온다.

뽕나무과의 낙엽 활엽수이다. 지중해 연안이 원산지이다. 아라비아인들이 특히 좋아한다. 무화과는 넓고 큰 잎에 긴 잎자루 끝에 달려 있으며 깊게 파여 있다.

어린 줄기나 잎을 꺾어 보면 하얀 즙이 나온다.

꽃은 피지만 눈에 보이지 않는다고 무화과라고 한다.

꽃은 은화서 암, 수 한그루 잎겨드랑이에 달림. 수꽃은 화서의 상부, 암꽃은 하부에 핀다.

열매는 도단형 흑자색 또는 황록색으로 익는다.

나무는 관상용으로 심지만 열매는 달콤하기 때문에 식용으로 쓰고 잎은 약용으로 쓴다.

약제로는 혈압강하제로 쓰인다. 말린 잎을 20g씩 달여서 하루 세 번 복용한다.

우리는 그냥 지나치기 쉬운데서 좋은 약제로 구할 수 있는 것이다. 모르면 그냥 지나치기 쉬운 것이 얼마나 많은지 모른다. 그렇기 때문에 나무이름 풀이름도 잘 알고 지내야 하지 그렇지 않으면 좋은 약제도 모르고 지나치는 것이 얼마나 많은지 모른다.

48
애기똥풀

 여름철 길을 가다보면 노랗게 아름답게 핀 꽃이 있는데 꺾어보면 고약한 냄새와 어린애 똥같이 노란 진액이 나온다. 그 액이 옷에 묻으면 지워지지 않는다.
 양귀비과의 2년생 초본이다.
 마을 부근 언덕아래 길가에서 흔히 볼 수 있는 풀인데 온몸에 부드러운 털이 나 있다.
 잎은 초생하고 잎자루가 있고 끝은 깃 모양이고 가장자리에 둔한 톱니가 있다.
 잎 앞면은 녹색이고 뒷면은 연두색이다.
 진해, 진통, 이뇨에 쓰인다. 1회에 1~2g 달여서 복용한다.
 옴, 종기, 벌에 물린데 짓찧어서 바르면 좋다.
 이렇게 천대꾸러기 냄새나는 풀이 어떤 때는 좋은 약이 될 때도 있다.
 그냥 지나칠 때가 수없이 많다. 누군가 밭 뚝밑 등에 노랗게 수없이 피어 있는 꽃을 꺾어보면 어린애똥 같은 노란 진액이 나오는데 누가 보아도 꽃은 곱지만 냄새는 고약하다고 할 것이다. 그래도 그것이 약이니 말이다.

49
환삼덩굴(율초)

 여름철 삼 잎사귀 같은 덩굴이 나무면 나무, 전봇대면 전봇대 무엇이 던지 감을 수 있다면 휘감고 올라가는 풀이다.

 줄기에는 거칠은 털이 있어 몸에 스치기만 하면 피기 나고 상처가 나는 만큼 농가에서는 골치 아픈 잡초 중에 하나다.

 옛날에는 바랭이, 억새, 피 등이 골치 아픈 잡초였으나 지금은 환삼덩굴, 칡 등 덩굴성 식물이 골치 아픈 것이다.

 삼과의 한해살이 풀이다. 그렇게 무성한것도 된서리가 내리면 맥을 못추고 금방 시들어 말라버린다. 환삼덩굴, 칡, 며느리미씨개등이 대표적이다.

 줄기가 쭉쭉 뻗어 나가면서 줄기에 가시가 많고 잎은 삼과 같으며 토끼, 소 등 짐승들은 잘 먹는다. 거칠은 것을 소는 더욱 잘 먹는다. 억새와 같은 것이다. 사람은 맨손으로 잡으면 끌키어서 피가 나고 하는데 소는 잘 먹으니 말이다.

 잎은 손바닥 같이 5~7개로 갈라져 있는데 가장자리에 톱니가 있고 거칠은 털이 있고 뒷면에 자루가 없는 노란 선모가 있다.

 꽃은 암, 수 딴 그루이고 수꽃이상은 원우화서이고 암꽃이삭은 이삭화서 넓은 난형 포는 꽃이 진 다음에 커서 짧은 이삭을 이루고 털이 있고 난상완형 자갈색이다.

열매는 수과 둥근 모양 볼록렌즈모양 황갈색 윗부분에 잔털이 있다.

줄기는 섬유용으로 쓰는데 보면 겉껍질은 벗겨지는데 복판 줄기는 질긴 섬유질로 되어 버들피리 대롱같이 빠진다. 열매와 뿌리는 약제로 쓴다.

약제로는 해열, 이뇨, 해독제로 쓰는데 하루에 10~15g 달여서 하루 세 번 마신다.

50
탱자나무(지실)

　옛날에는 과수원 울타리로 탱자나무를 많이 심었는데 봄에 노랗게 돋아나는 새싹에 애벌레가 있는데 거기서 호랑나비가 나온 것을 보았다.

　가을의 노란 단풍과 향기로운 노란 열매야 말로 탱자의 아름다움이다. 가시가 많아 별로 대우를 못 받지만 그 열매야 말로 얼마나 보기가 좋으냐 말이다.

　군향과의 낙엽 활엽수다. 중국이 원산지라고 한다.

　탱자나무는 따뜻한 지방에서만 있고 추운지방에는 없는가 보다.

　요즈음 어린 탱자 열매를 약에 쓴다고 많이 따는 것을 볼 수 있는데 그것은 피부병에 좋다고 한다. 탱자 껍질은 기침, 뿌리껍질은 치질에 줄기 껍질은 종기에 쓰기도 하고 곪았을 때 탱자나무가시로 찌르기도 했다.

　억센 가시가 호생하고 , 잎은 3장씩 핀 겹잎이고 작은 잎은 가죽질 도란형이고 타원형이며 끝이 둔하다. 가장자리에는 둔한 톱니가 있다. 잎자루에는 날개가 있다.

　꽃은 5월경에 피는데 흰색 인데 잎보다 먼저 1송이씩 피고 꽃자루는

114 지천에 천대 받고 팔력있는 식물이 명약

없고 꽃받침은 5장이고 꽃잎도 5장이고 수술은 다수 열매는 장과 둥근 모양인데 익으면 향기가 짙다.

51
오갈피

오갈피라는 것은 잘 몰랐는데 몇 년 전에 공공근로 할 때 아줌마들께서 반찬으로 오갈피 절인 것을 가지고 왔기에 오갈피를 알게 되고 약으로 쓰이는 것을 알게 되었다.

오갈피는 느릅나무과의 낙엽 활엽수이다. 야산에서 볼 수 있는 작은 나무로 가지에는 작은 가시가 있고 잎자루 끝에 작은 잎이 나왔다 5월경에 새로 자란 가지 끝에서 연보라 빛 꽃이 우산 모양으로 뭉쳐서 핀다.

뿌리 부분에서 많은 가지가 갈라져 퍼지고 작은 가지에는 엷은 갈색 털은 없고 가시도 거의 없다. 잎은 호생 손바닥 모양의 겹잎, 난형, 긴 난형, 가장자리에 가는 겹 톱니가 있고 표면은 녹색, 털이 없고 뒷면은 연녹색 꽃은 연보라 빛이지만 받침은 삼각형 겉에는 털이 밀생 꽃잎은 타원형 열매는 핵과 타원형, 모여서 둥근 열매 덩이를 형성, 검은색으로 익음 잎이 5장의 작은 잎으로 갈라져서 오갈피라 한다.

어린순은 먹거리 뿌리와 껍질은 약용, 관상용, 산울타리, 밀원식물로 재배함이 좋다.

오갈피는 소염 진통 작용에 좋다. 면역력을 강화 시키고 간 소생 회복을 촉진하고 허약체질에 좋다. 관절염에는 오갈피 열매로 술을 담그고 봄에 어린 잎은 나물로 절여 먹는다.

52
옻나무(건칠)

가을에 산에 가면 단풍이 가장 먼저 드는 것이 옻나무 계통이다.

개옻나무와 붉나무 등은 9월이면 붉게 단풍을 드는 것을 볼 수 있다.

옻나무과에 속하는 낙엽교목이다. 옻나무의 옻칠은 아주 옛날부터 사용하여 왔다.

옻나무는 어린잎은 식용으로 나무는 옻닭과 옻개 등으로 이용한다.

옻칠은 우리 옛 선조들이 많이 써온 공예기술이다.

옻칠은 부착과 광택이 뛰어나고 촉감이 좋아서 락카 에나멜과는 비교가 안될 만큼 우수한 칠 공예품이다.

옻을 채취하는 데는 4~5년생 나무에서 V홈을 내어 거기서 흐르는 액을 받는 것이다.

구충력과 통경, 진해 효과도 있다.

잎은 호생, 깃꼴겹잎, 난형 타원형, 끝이 뾰족하다. 양면에 털이 퍼져나고 가장자리는 밋밋하다.

꽃은 암, 수 딴 그루, 황록색, 잎겨드랑이에 밑으로 처지는 원추화서로 달린다.

열매는 핵과, 납작하고 둥근 모양, 연한 노란색, 털이 없고 광택이 남. 액은 옻칠용, 목재는 관재, 약용, 잎은 식용으로 사용된다.
 옻 타면 옻오르는데 모두들 겁을 내지만 옻이 탈 때는 안타도록 미리 준비를 하고 올랐을 때는 치료를 하여야 한다.
 어린잎은 나물로 진액은 옻칠용으로 나무는 옻닭, 옻개등으로 이용한다. 몸이 찬사람에게 좋고 혈압이 높은 사람은 자제하는것이 좋다.

53
헛개나무(지구자)

 한약명은 지구자라고 불리우는데 갈메나무과 떨기 넓은 잎 나무이다. 잎을 보면 벗나무 잎과 비슷하기도 하지만 잎은 달걀꼴로 둥근 모양이다.

 6월경에 흰 꽃이 피어 10~11월에 열매가 익는다. 열매가 울퉁불퉁하게 생겼는데 먹으면 맛이 달콤하다.

 술로 인한 병에 효험이 있고 알콜중독과 숙취를 없애고 지방간이나 황달, 대장, 가슴속 등의 열과 갈증을 없애고 구토를 멎게 하고 관절염에도 특효가 있다고 한다.

 잎을 진하게 달여 먹으면 구토를 멎게 하여 주독을 해소하고, 줄기는 몸이 쇠약할 때, 피를 토할 때 배와 근육 통증에 좋고 껍질을 달여 먹으면 체한 사람, 쇠나 못에 찔렸을 때 독을 풀고 치질에도 좋다고 한다.

 열매는 갈증 해소, 두통, 배 아품을 낫게도 한다.

 열매는 과생, 설탕, 포도당 등과 칼륨, 칼슘, 철 등이 미량이나마 있고 잎에는 루틴, 사포닌이 함유되어 있고 줄기에는 트리테르페노이드인 호베이산 등이 있다.

 헛개나무 잎, 줄기 열매를 50~60g을 물 1되(1.8L)를 붓고 절반이 되도록 달여 차처럼 수시로 마시면 된다.

 물에 잎을 넣고 엿처럼 되도록 달여 수시로 오래 먹으면 좋다.

매일 수시로 차 마시듯 먹고 술을 먹은 후에 먹으면 좋고, 공복, 붕식 후 1시간, 잠자기 1시간 전에 먹는 것이 좋다.

이뇨작용도 하고 고혈압, 동맥경화증, 손발이 마비되고, 근육, 뼈가 아픈데도 좋다.

여러 가지 병에도 좋다는 헛개나무 요즈음 곳곳에 많이 볼 수 있다.

54
닥나무(저실)

 종이가 귀하던 시절 종이 만드느라 그만큼 대접 받던 닥나무가 외래의 종이인 양지에 밀려 논뚝, 밭뚝에서 귀하게 여기던 닥나무가 지금은 천대 꾸러기 신세를 면치 못하고 있다. 닥나무, 대나무, 뽕나무가 거기에 속한다.

 뽕나무과에 속하는 낙엽관목이다.

 옛날에는 모든 기록은 닥나무 껍질로 만든 한지에다 쓰고 보관을 한 것이다.

 닥나무는 야산이나 밭뚝 논뚝에 잘 자라고 나무는 크게 자라지를 못한다. 조금 자라면 휘어지고 구부러지는 것이다.

 어리고 가느다란 잔가지에는 처음에는 털이 있으나 자라면서 없어진다. 잎은 난형 타원형이고 가장자리에는 톱니가 있고 넓다.

 암꽃과 수꽃이 따로 피고 암꽃은 줄기 안쪽에 피고, 수꽃은 줄기 끝쪽에 핀다.

 열매는 공처럼 둥글게 익는다. 종이를 만들 때는 겨울에 나무를 베어다가 만들기도 하였다.

 열매는 한약재로 쓰이는데 세로틴이라는 성분이 들어 있어서 자양강장의 효능이 있고 신체허약, 정력 감퇴, 음위, 시력 감퇴 등에 쓰인다.

 옛날에는 껍질은 종이 열매는 한약재 잎은 가축의 먹이 껍질을 벗긴

나무줄기는 땔감으로 사용 하였기에 하나도 버릴게 없는 나무였다.

55
갈대(느근)

갈대 하면 빗자루가 생각나겠지만 김소월의 '시' 엄마야 누나야에 나오는 갈잎의 노래 소리가 정답게 들릴 것이다.

볏과의 다년생 풀로서 냇가나 물가에 나는 키가 큰 잡초이다. 키가 크면서 빳빳해서 바람에 잘 쓰러지지도 않고 곧게 선다.

뿌리가 땅속을 벗어나가 군락을 이루고 있을 뿐 아니라 농가에서는 몸서리치는 잡초에 속한다. 잎은 서로 어긋나게 자라고 기부는 포를 이루고 줄기 끝에 이삭모양의 꽃이 가을에 피는데 필듯 말듯 하는 갈대이삭을 잘라 방비를 만들기도 한다.

그러나 이런 갈대를 약으로 쓰는데 구토, 발열, 이뇨제로 쓰는데 뿌리 부분 사용한다. 한번에 5~10g을 달여서 복용한다.

숨이 차고 열이 심하고 기침이 나고 가래에 피가 섞여 나올 때 갈대뿌리를 달여 먹기도 한다.

56
개구리밥(수평)

논이나 늪 연못 등에 둥둥 떠 다니는 작은 풀이다. 경주지방에서는 공중에 둥둥 떠다니는 풀이라 하여 "경궁지심" 이라 한다.

논에 다른 풀들은 모두 해롭다고 몸서리치기 까지 하나 이풀은 물위에 둥둥 떠 다른 풀이 못 올라오게끔 방해한다.

개구리밥과의 다년생 풀이다. 늦가을에 타원형인 겨울눈이 생겨 물 밑바닥에 가라앉아 월동을 하고 다음해 봄에 물위로 떠올라 번식한다. 번식력은 매우 왕성해서 열흘 만에 10배~20배 정도 증가하기도 하고 잎 아래 부분에 흰줄기가 여러개 있다.

논이나 연못 등 고인 물에 많이 있는데 비가 많이와서 물꼬로 물이 넘어가면 물꼬아래에 무더기를 이루어 쌓이기도 한다.

잎은 납작하고 끝이 둥글고 톱니가 없고 위는 녹색이고 윤기가 나고 뒷면은 자주색이다.

뿌리가 나오는 옆에서 새로운 싹이 나와 번식한다.

꽃은 흰색 또는 엷은 녹색 포속에 2송이의 숫꽃과 1송이의 암꽃이 있다.

풀 전체를 약으로 쓰는데 이뇨, 발한, 해열제로 쓴다.

말린 것을 달여서 쓰고 피부질환에는 생풀을 짓찧어서 붙인다.

57
가래

　논과 냇가에 자라는 풀인데 마디마디 잘 자라지만 거기서 뿌리가 나와 자꾸 뻗어 자라는 풀이다. 이풀이 많으면 벼가 자라지 못하기도 한다.
　키는 안 크지만 땅속을 뻗어나가기 때문이다. 가래과의 여러해살이 풀이다.
　갈대나 억새, 가래 이 모두가 땅속에 뿌리를 박고 마구 뻗어 나가는 것이다.
물위에 뜨는 잎은 표면은 녹색이고 광택이 있고 뒷면은 갈색이다.
　잎맥은 볼록하게 튀어 올라와 있으며 7~8월경에 잎겨드랑이에서 자란난 긴 꽃대 위에 초록색 꽃이 핀다.
소화불량, 이뇨, 황달, 간염에는 1회 2~5g 달여서 마신다.
생선이나 육류의 식중독 해독제로도 쓰인다.
골치아픈 잡초가 좋은 약이 되는 것이 우리 주위는 수없이 많다.
한삼덩굴, 새삼 등과 함께 가래도 논에 골치 아픈 잡초중의 하나이다.

58
벽오동

벽오동과의 낙엽교목이며 활엽수이다. 높이가 15m 넘게 크고 잎도 넓으며 빛이 난다. 끝이 뾰족하고 심장형이다.

잎은 봄에 피는데 자주색이다. 꽃은 종모양이고 끝이 다섯 갈레로 가라져 있고 꽃대와 더불어 갈색의 작은 털로 덮여 있다. 꽃은 암수 한 그루이고 한 화서에 숫꽃과 암꽃이 달린다.

벽오동 나무는 곧게 자라고 나무자체가 녹색인데다 잎도 넓고 달린 열매는 둥글면서 작은 알같이 생겼다.

정원수 가로수로도 좋고 목재 가구용으로 씨는 커피 대용품으로 쓰이고 껍질은 섬유용으로 쓰이기도 하고, 열매는 먹으면 고소하다.

약재로는 사마귀, 화상, 이뇨, 탈모에 쓰인다.

사마귀에는 잎의 생즙을 바르고, 화상과 탈모에는 달인 물로 씻고 찜질을 한다. 이뇨에는 1회에 3~5g을 달여 마신다. 잎과 잔가지를 약재로 쓴다. 산이나 밭뚝 등에 심으면 좋다. 벽오동나무는 꽃도 곱지만 나무자체도 보기 좋다. 특히 열매를 달고 있는 잎 모양이 더욱 보기 좋다. 잎간이 생긴것에 둥근 알이 여러개 달려 있다. 흔히들 잎으로 알지만 그것이 아니라 알을 바치는 받침인 것이다.

59
고마리

냇가에 많이 나는 풀이라 해서 경주지방에서는 냇가에 많이 나는 풀이라 해서 거랑떼라고도 하며, 고맹떼라고도 부른다. 고마리는 미나리와 같이 더러운 물을 맑게 해주는 역할도 해준다.

옛날에는 토끼 등 짐승의 먹이로만 주었는데 요즘은 수질 정화용으로 냇가에 많이 심가꿔 주는 것이 좋다.

마디풀과의 1년생 초본이다. 줄기는 모가 나고 갈고리모양의 가시가 있다.

잎은 호생하고 창 모양이다. 잎자루에는 날개가 있고 엽초 모양의 떡잎은 짧다.

꽃은 연분홍, 흰색 가지 끝에 10여송이가 둥글게 뭉치어 두상화서를 이룬다.

열매는 수과 세모진 난형 황갈색이고 광택은 없다.

줄기와 잎은 약용으로도 쓰고 가축 먹이로도 쓴다.

설사, 이뇨, 해독, 해열 등에도 쓰인다.. 하루에 12~20g 달여서 3번 복용하면 된다.

냇가나 논 등 습기가 많은 곳에 꽉 차게 올라오는 잡초이다. 그러나 물을 깨끗하게 만드는 풀이다.

60
댕댕이 덩굴

 덩굴이 가늘면서 매끄럽게 길게 뻗어 나가는데 마치 여러 해살이 풀로 여기지만 댕댕이 덩굴과의 소관목이란다.

 잎은 넓은 달걀형이고 덩굴과 잎에는 모두 잔털이 나 있다.

 암꽃과 수꽃은 각각 다른 그루에서 피고 모두 잎겨드랑이에서 자란 짧은 꽃대에 모여서 핀다. 꽃은 작으면서 연 노란색이다. 열매는 둥글고 살이 많으며 검게 익고 하얗게 가루가 덮여 있다.

 흔히들 말하기를 가는 것을 보고 댕댕이 덩굴이라고 한다. 댕댕이 덩굴하면 가늘면서 길고 질기기 때문에 바구니로 많이 엮기도 한다.

 이것도 약으로 쓰는데 줄기, 뿌리, 열매를 모두 쓰는데 이뇨, 진통, 해열, 감기에 쓴다.

 한번에 2~4g정도 달여서 먹기도 한다.

 어린순을 먹기도 한다.

 요즘엔 먹는 것에 별로 어려움이 없지만 일제말기나 1950~60년대는 먹거리 해결이 최고였나 보다. 그래서 오늘날 먹을 수 있다는 풀을 연명하기 위해 먹을 수 있는 것은 다 먹었나 보다. 그런데 오늘날 약되는 것도 먹고 약 안되는 것도 먹었나 보다. 그래서 오늘날 문헌을 보면 거의 다 먹을 수 있는 식물이었나 보다.

61
마가목

 겨울에 잎이 다 떨어진 나무에 빨간 열매가 달리어 이른 봄까지 있는 것을 볼 때는 참 보기가 좋다. 그런가 하면 봄에 피는 잎도 보기가 좋으며 가을 단풍도 열매와 더불어 보기 좋은 나무이다.

 장미과의 낙엽활엽수다. 나무의 겉껍질을 보면 흑갈색 혹은 회색이다.

 잎은 깃털모양이고 작은 잎은 9~15장 정도 붙어있고 피침형이다.

 꽃은 흰색으로 피는데 6월경에 이삭모양으로 피고 꽃잎은 5장이다.

 열매는 가을에 붉게 익는다.

 옴, 땀띠에 마가목 껍질을 삶아서 그 물로 씻으면 좋다.

 열매는 설사, 방광염에 효과적이다.

 중풍, 고혈압, 기침, 신경통 류마티즘, 관절염에 좋은 효과인데 따뜻하고 맵다.

 종기와 염증을 없애주고 흰머리를 검게 한다.

 열매는 감기로 인해 목이 쉬거나 목에 가래가 끼었을 때 달여 먹으면 좋다.

 허리와 다리를 튼튼하게 하고, 손, 발이 마비된 것을 풀어주고 땀을 나게도 한다.

관상수로만 아니라 좋은 약재이므로 울타리용으로 심으면 보기도 좋고 약재로도 쓸 수 있다.

62
능소화

여름철 옛 고가와 토담위에 나팔꽃처럼 생긴 황색의 고운 꽃이 피어 있는 것을 볼 수 있다. 벽이나 나무에 달라붙어 뿌리를 박고 마구 올라가서 싱싱하게 꽃을 피운다.

능소화과의 낙엽덩굴식물이다. 중국이 원산인 덩굴성으로 꽃을 피운다.

잎은 대성이고 깃꼴 겹잎이다. 가장자리에 톱니와 털이 있고 양면에는 털이 없다.

꽃은 속은 주황색이나 겉은 적황색 갈래는 피침형, 화관은 나팔모양, 통부는 길고 수술은 2강 웅예 암술은 1개 열매는 낙과 네모지고 끝이 둔하다.

꽃가루에 갈고리 같은 진이 있어서 눈에 들어가지 않도록 해야 한다.

약재로는 꽃을 사용한다. 월경불순, 무월경, 산후출혈 등 조금씩 달여서 먹으면 된다.

타박상에는 달여서 찜질을 하면된다.

정원이나 토담 밑에 심어 고운 꽃을 보고 약으로 사용해도 좋을 것이다.

한여름 시원하게 피어나는 꽃을 보면 더위가 가실 수 있다.

63
음나무(해동피)

 봄에 새잎이 돋아 부드러울 때 삶아서 먹으면 봄 입맛을 돋꾸어 준다. 줄기가 곧게 자라고 크기도 매우 큰 것이 있고 억센 가시가 많다.

 두릅나무과의 낙엽교목이다. 경주지방에서는 엉개나무라고 부른다. 잎은 손바닥 모양이고 많이 갈라져 있고 잎자루는 길다. 꽃은 여름에 황록색으로 핀다. 꽃은 우산 모양으로 많이 모여서 핀다. 열매는 핵과로 검은색으로 익는다.

 잎은 어릴 때 나물로 해 먹고 재목은 건축재료 등으로 쓰고 껍질은 해동피라 하여 약용으로 쓴다.

 신경통, 요통, 관절염, 타박상 등에 사용하는데 말린 약재를 달여서 먹는다.

 타박상, 옴, 경기에는 약재를 가루로 내어 참기름이나 들기름에 개서 환부에 붙인다.

 이 나무는 가시가 하도 많아 함부로 다루다가는 많이 끓기기도 한다. 그래서 옛날에는 귀신 쫓는 나무로 여기고 집에 걸어 두기도 했다.

지천에 천대 받고 팔려있는 식물이 명약

64
두릅

봄에 돋아나는 잎은 나물로는 최고로 치고 즐겨먹는 것 중의 하나이다.
나무 전체에 가시가 많을 뿐 아니라 잎에도 가시가 있다.
잎은 그냥 놔두면 군데군데 잘 올라온다.
두릅나무과의 낙엽관목이다.
산기슭 양지바른 쪽 돌 많은 곳 약간 습한 땅에서 잘 자란다. 여름에 작은 흰 꽃이 피고 가을에 까만 작은 열매를 맺는다.
약재로 쓸 때는 나무뿌리와 껍질을 사용하는데 당뇨병, 발기부전에 사용한다.
약으로 쓸 때는 달여서 사용하고, 어린순은 나물로 먹는다. 데쳐서 먹으면 된다.
나물도 되고 약도 되는 두릅 봄날 식탁에서 입맛을 돋구어 주는 만큼 못 쓰는 돌 많은 땅에 심어두면 좋을 것이다.

65
측백나무(백실)

　어릴 때 초등학교 다닐 때 학교 울타리가 측백나무라 쉬는 시간에 측백나무 잎과 열매를 따서 고누놀이 할때 표시로 많이 하던 나무이다.
　측백나무과의 늘 푸른 잎 교목이다. 잎이 조금 넓어 활엽수로 알지만 분명히 침엽수이다. 그러나 잎은 부드럽고생김새도 특이하다. 잎은 납작하고 잎과 뒤가 구분이 잘되지 않고 수피는 아래로 갈라지고 가지는 제멋대로 많이 퍼지고 생 울타리로 많이 심는다.
　큰 가지는 적갈색, 햇가지는 녹색, 가운데 잎은 도란형, 마름모꼴이다. 꽃은 암, 수 한그루, 숫 꽃은 전년도 가지 끝에 한 개씩 달리고 암꽃송이는 둥글고 연한 자갈색이다.
　열매는 구과이고 씨는 비늘잎 안에 있으며 흑갈색이다.
　잎, 가지, 씨앗은 약용으로 쓴다.
　잎은 이뇨, 이질, 고혈압, 월경불순에 달여 먹는다.
　씨는 자양, 진정, 강장, 불면증, 신경쇠약에 달여 먹는다.
　정원수로도 심고, 목재로도 사용하고, 냄새가 향나무와 비슷하여 향 대신 쓰는 곳도 있다.

66
쇠비름(마치현)

줄기와 잎이 통통하여 물기가 많은 풀 중의 하나다. 쇠비름과의 일년
생풀이다. 다목적이라서 물기가 없어도 어디에서나 잘 자란다.

잎은 살이 적고 작은 주걱모양이다. 줄기에서 2장씩 마주나고 잎자루
는 없고 살색의 연한 줄기에 직접 나기도 한다.

꽃은 노란색인데 줄기 끝에 3~4송이씩 모여 피고 꽃이 피고 난 다음
가지 끝에 작은 뚜껑 속에서 채송화 씨 비슷하게 생긴 작은 씨앗이 소
복이 들어 익는다.

지금부터 20여 년 전에 식물채집을 하는데 가장 어려운 식물이 쇠비
름과 달개비인데 하도 물기가 많아서 그냥 말리니 안 되어서 줄기와
잎의 물기를 빼느라고 눌러가며 한일이 있다.

그만큼 물기가 많아 말리어도 잘 안 마르는 풀이다.

약재로 쓸 때는 풀 전체를 말리어서 사용하는데 여름에서 가을사이
에 채취하여 그늘에 말리어서 사용한다.

이뇨, 요도염, 각기, 임질, 벌레 물린데, 마른버짐 등 말린 약재를 약한
불에서 달여서 먹는다.

벌레 물린 데와 버짐에도 잎을 짓찧어서 붙이면 좋다. 그리고 무좀에
는 쇠비름에 소금을 조금 넣고 끓여서 발을 담그는데 3~4회만 하면 잘
낫는다.

아무 쓸모없는 잡초도 때로는 약초로 쓰일 때가 많다.
그래서 잘 알고 사용하면 모두가 약이 된다는 것을 알 것이다.

연은 연과의 다년생 초본으로 땅속에 굵은 뿌리줄기를 뻗고 마디 사이에는 세로로 된 수많은 공간이 있으므로 해서 연탄 같은 모양으로 되어있다.

여름철에는 긴 꽃대위에 백색 혹은 담홍색의 꽃이 핀다.

연의 뿌리, 잎, 연심, 연잎들은 약용 및 식용으로 널리 쓰이며 연못과 늪, 저수지가 가까이 있는 집에서 관상용으로도 재배하고 있다.

연뿌리는 칼리, 염기, 회분, 인산, 비타민C, 단백질, 전분, 지방함수탄소 등이 있어 폐 비(脾) 심장, 위경에 사용되는 약품 겸용으로 많이 애용되고 있다.

어떠한 출혈에도 연뿌리를 짓쩌 바르든가 마시면 지혈에 효과가 있다.

연뿌리로 죽을 쑤어 먹게 되면 출혈성 위궤양이나 위염에 효과가 있으며 또한 연잎 달인 물은 지혈, 설사, 요통, 야뇨증에 애용되며 연씨는 차로도 쓴다.

연의 이용 가치를 열거하면 뿌리는 식용으로 쓰이고 잎은 살짝 데쳐서 쌈으로 이용되며 씨앗은 보약으로 쓰인다.

우리나라산으로는 주로 건선연이나 중국에서는 백화연, 천왕연 등으로 구별되며 그 종류는 수십 종에 이른다. 백화연은 뿌리의 비대성으

로 재배되고 건선연은 맛이 좋고 천왕연은 조기 수확을 갖고 꽃이 백
화이며 육질이 먹음직하여 많이 재배한다.

 모든 연뿌리는 칼리, 염기, 회분, 인산, 비타민C, 단백질, 전분, 지방함
수탄소 등이 있어 폐, 비장(脾臟), 위병에 사용되는 약품 겸용으로 많
이 애용되고 있다.

 민간에서는 연뿌리, 잎, 꽃잎, 열매, 싹을 별도로 음용하는데 어떠한
출혈에도 연뿌리를 짓찧어 바르든가 마시면 지혈에 효과가 있다.

코피가 날 때도 즙을 탈지면에 적셔 막으면 지혈이 되며 연뿌리로 죽
을 쑤어 먹게 되면 출혈성 위궤양이나 위 염증에 효과가 있으며 또한
연잎 달인 물은 지혈, 몽정, 치질, 출혈, 설사, 요통, 야뇨증에 애용되며
연씨는 차 대용으로도 쓴다.

 연잎 죽은 상복하면 정력을 돕고 연근을 달여 마시면 음주 후에 좋고
연뿌리에서 물속으로 뻗어난 뿌리는 삶아 먹으면 신장염에 좋고 반찬
으로 하면 오장을 보하고 갈증을 없애고 이질에도 효과가 있다.

지천에 천대 받고 팔력있는 식물이 명약 149

68
복숭아(도핵인)

여름날 싱싱하게 자라며 끝없이 뻗어가는 가지마다 열리는 복숭아, 새콤하고 달콤한 맛 그 열매마다 싱싱함을 주는가 하면 나뭇잎 떨어진 겨울날에는 앙상한 가지들이 물감을 칠한 듯이 붉고도 곱게 아름답게 보이는 복숭아나무는 어느 마을 어느 고을에도 보이지 않는 곳이 없으니 만큼 살구나무와 함께 우리나라의 고향산천의 마을들을 상징하는 과실나무로 너무나도 잘 알려진 나무다.

복숭아의 씨앗은 한방명으로 도인(桃仁)으로 불린다. 복숭아 씨앗인 도인은 혈액순환을 목적으로 하는 심장기능을 돕는 효능이 있다.

복숭아는 변비나 폐기능이 약할 때나 니코친 중독에 효력이 있어 애연가들에게 잘 알려진 과실이다.

파혈작용이 강하고 어혈을 푸는 작용이 있어 월경불순이나 타박상을 입었을 때도 쓴다.

여름철 목욕물에 복숭아 잎을 넣고 사용하면 곽란을 예방하기도하고 모세혈관을 이완 확장케 하며 피부색을 좋게 한다고 하여 세욕제로도 쓰인다. 여름철 쌀에 벌레가 일때 복숭아 나뭇잎을 넣어 주면 벌레가 없어진다.

지천에 천대 받고 팔려있는 식물이 명약 151

69
석류나무(안석류)

　석류나무는 동양 및 남부유럽에 자라는 것으로 낙엽소교목이며 옛날부터 과수라기보다는 정원수로서 열매보다는 꽃을 관상하려고 가꾸어왔다.

　석류나무를 한약명으로 석류피라 부르고 있듯이 석류의 과실수피와 근피를 주로 생약제로 사용하고 있는데 꽃에도 생약성분이 함유되어 있다. 꽃에는 Alkaloid, Pelazoin이 함유되어 있으며, 수피와 근피에는 L-Malie Acid, Pseudo-Pelletierin 등이 있다.

　석류나무의 과실은 생식으로 이용하는 외에 조충구제, 편도선염 및 구취 약으로 널리 사용되어 왔다.

70
나팔꽃(견우자)

우리가 살고 있는 근처에는 알게 모르게 화초이면서도 약초로 쓰이는 것이 수없이 많다. 그중에서도 모란(목단)과 작약, 백합은 너무나 잘 알려진 화초이면서도 약초이다.

그런데 나팔꽃과 맨드라미가 화초인줄은 알면서도 약으로 쓰이는 줄 아는 사람은 별로 없을 것이다.

한여름 이른 아침에 맑고 깨끗하게 수줍은 듯이 피어나는 나팔꽃은 꽃으로도 보기 좋지만 약으로도 훌륭하게 쓰이곤 합니다.

약제로 쓰이는 것은 씨앗과 잎, 줄기인데 씨앗은 햇볕에 말리는 것이 좋고, 잎과 줄기는 그늘에 말리는 것이 좋다. 나팔꽃 씨앗의 맛은 시고도 떫다.

하제(下劑): 종자를 가루내어 온수에 타서 복용한다. 복용량은 1회에 1g정도 강력한 하제임으로 허약한자는 삼가야 한다.

동상(凍傷): 꽃이 활짝 피었을 때 지상부를 잘라서 잘게 썰고 그늘에 말려둔다. 겨울철 동상에 걸려 심하게 가려울 때 약 두 줌 정도를 세수 대야에 넣어 물을 부어 끓인다. 어느정도 식거든 하루 3회정도 담그면 된다.

독충(毒蟲)에 물렸을 때 생입을 잘 비벼서 문지르면 좋다.

우리가 무심코 지나쳐버린 나팔꽃에도 이러한 약효가 있다.

71
냉이(제)

　이른 봄, 이 언덕 저 언덕을 헤매다니면서 나물캐는 소녀의 바구니 속에는 쑥이랑, 냉이랑, 달래랑 우리 귀에 익고 많이 먹어보는 봄나물들이 소복이 담겨있는 것을 볼 수 았었다..

　그중에는 우리의 입맛을 돋구면서 약으로 쓰이는 것이 많이 있는것 같다. 그중에서 냉이는 좋은 약이 된다는 것이다.

　냉이는 동요와 동시 노래와 시 그리고 문학작품에 자주 등장하는 이른 봄의 나물로서 문학을 하는 사람들이 특히 좋아하나 보다.

　냉이는 십자화과에 딸린 풀로서 이른 봄 밭이나 길섶에서 돋아나는데 뿌리에서 직접 나오는 것도 있고, 이른 봄에 줄기 끝에 작은 흰 꽃이 무리를 이루면서 피고, 열매는 삼각형을 이루고 있는데 따뜻한 지방에서는 겨울에 냉이를 캐어서 나물로 먹기도 하였다.

　냉이는 나물로 무쳐 먹기도 하고 어린 싹은 국으로 끓여 먹기도 하며, 죽을 끓여 먹기도 하는데 냉이찌개와 튀김 같은 것을 하여 상식을 한다면 좋은 약이 되기도 하였다. 약으로 사용할 때는 냉이 잎을 햇볕에 말리어서 사용하는데 맛은 감미로왔다.

　고혈압에는 어린 싹 15g을 다려서 먹기도 하고 열매 전체가 붙은 것을 그늘에 말려서 15g을 1인분해서 다려서 먹으면 좋다고 하며 변비에는 잎 15g을 다려서 마시면 효용이 있다고 한다.

　봄에 돋아나는 새싹을 죽으로 끓여 먹으면 감기에도 좋을 뿐 아니라 별미로서 입맛을 더하게 되었다.

 냉이 전초의 엑기스는 강력한 지혈작용으로 자궁출혈, 각혈 등 지혈
약으로 쓰이며, 씨, 잎, 뿌리를 다려서 마시면 눈병에도 좋으며 뿌리
잎을 함께 태워서 가루로 만들어 물에 타서 마시면 적리(赤痢)복통에
좋다고 한다.

 이렇게 우리 주위에서 나물로 사용하는 것 중에 알게 모르게 약으로
쓰이는 것이 많은 만큼 그냥 지나쳐 버리지 말고 한포기의 잡초들도
약으로 쓰이는 것이 있다면, 또는 알았다면 채집하여 두었다가 우리
가 급할 때 사용해 보는 것이 바람직한 일이라고 생각된다.

 그리고 시골 들판, 언덕이나 산골짝에 있는 것이 더욱 좋은것이다, 공
해에 오염되지 않고 자라나는 자연생이기 때문이다.

지천에 천대 받고 팔력없는 식물이 명약 157

72
감(시)

 늦가을의 농촌정경이라면 무엇보다도 빨갛게 달려있는 감을 연상케
할 것이다.
 시인이나 사진작가가 아니더라도 시를 연상하고 사진을 찍고 싶은
마음은 어느 누구라도 다 느낄 것이다. 감은 극동지방이 원산지인 만
큼 우리와는 매우 친근함이 있다.
 제사상에는 으래이 감이 올라가고 곶감이 놓여지는 것을 볼 수 있습
니다. 우리나라의 강원도 강릉과 경북 상주, 충북 영동지방 등지는 감
의 주산지인 만큼 늦가을에 가 보며는 곶감만 들기에 바쁘기만 하다.
 그리고 단감의 주산지로는 경남 진영 등이 널리 알려져 있다.
 감의 주성분은 포도당과 과당등의 당분과 비타민C라고 할 수 있으며
감 두 개라면 어른이 하루에 필요로 하는 비타민C를 충족시켜 줄만큼
많이 들어 있다고 한다.
 감은 시지 않는다고 하는데 그것은 유기산류가 적기 때문이라고 한
다.
 감의 종류는 떫은 감과 떫지 않은 단감이 있는가 하면 모양은 가지각
색인가 본다.
 그리고 옛날에는 재래종감을 집 주위나 밭 뚝, 논 뚝, 산기슭에 몇 그
루 심어 놓은 정도로 그 감으로 집안의 큰일상이나 제사상에 올려 졌
으나 지금은 가정용 과수에서 탈피 집단적으로 많이 심어 농가의 소

득중대에 일역을 담당하고 있다고 볼 수 있으나 그래도 아직은 감나무를 심을 만한 땅이 너무나 많다고 생각된다.

떫은 감은 완전히 익어도 떫은맛이 나며 떫지 않은 단감은 익기 전에는 떫은맛이 많았으나 요즈음은 품종개량으로 익기 전에 단맛을 내는 단감도 많이 있다.

감의 떫은맛은 [시브올] 이라고 하는 [탄닌] 산의 작용 때문인데 덜익은 감이나 떫은 감은 탄닌산이 물에 쉽게 녹아서 혓바닥의 점막을 이루고 있는 단백질이 탄닌으로 굳어져 떫은 맛이 나는 것으로 알고 있다.

단감은 익어 가면서 탄닌산이 쉽게 녹지 않게 변해 버리기 때문에 떫은 맛이 나지 않고 단맛이 난다.

떫은 감은 탄산개스, 알콜, 소금물, 따스한 물 등으로 처리하면 시브올이 잘 녹지 않게 되어 떫은 줄을 모르고 단맛이 난다고 한다.

감은 속보다 껍질부분이 영양가가 많은 만큼 껍질을 얇게 깎아서 먹든가 농약을 치지 않은 감나무의 감은 잘 씻어서 그냥 먹는 것이 영양가에 있어서는 더욱 좋다고 한다.

감은 설사를 멎게 할 뿐 아니라 배탈을 낫게 하는 효과가 있기도 한데 그것은 다름아닌 감에 많이 들어있는 탄닌산이 수렴작용을 하기 때문이다.

그리고 감에는 지혈작용을 하기도 하고 하는데서 피를 토하는 뇌일혈 환자에게 감이 좋은 것으로 알려지고 있다.

비타민C가 많이 함유되어 있는 만큼 감기와 고혈압 예방에도 좋은 것으로 알려지고 있는데 그것은 감나무가 많은 지방에 고혈압 환자가 적은 것을 볼 수 있는데서 알 수 있다.

딸국질을 할 때는 감꼭지 3개만 달여 물을 먹으면 잘 낫는다.

뱀이나 독충에서 물렸을 때 감을 씹어서 바르면 해독제가 되기도 한다.

갑자기 설사를 할 때는 곶감과 석류껍질을 같은 양으로 달여 마시면 설사가 멎는다는 민간요법도 있다.

감은 우리와 매우 친근한 과일이면서 영양가도 많으며 각종 약으로도 많이 쓰이고 있는 만큼 집주위와 논 뚝, 밭 뚝등 유후지를 비롯하여 산기슭에 심어도 좋을 것이다.

감나무는 낙엽 교목으로 발육성이 왕성하고 비교적 병충해가 적어 재배관리가 용이 하다. 감은 그 성숙기의 기온상태에 따라 품질에 미치는 영향이 크며 온화한 지방 일수록 우량 과실을 생산할 수 있는데서 남부지방에서 좋은 품질의 감이 많이 생산되고 있다.

73
당근

당나라에서 들어왔다고 하여 당근이라고 부르는 이 당근의 재배는 15세기에 이르러 폴란드인이 개량종을 보급시켜 오늘날에 이르고 있는데, 우리나라의 재배용 당근은 불란서에서 개량된 종류라고 한다.

당근의 원산지는 유럽 북부와 소아시아인데 동양으로의 전래는 원나라로, 우리나라에는 4백여년전 중국을 거쳐 왔는데 지금은 무와 함께 전 세계적으로 많이 퍼진 채소이기도 하다.

당근은 미나리과이며 탄수화물인 서당이 반이 넘어 씹을수록 감미로운 맛이 있고 무기질로는 전체 회분의 37%가량 되고 비타민A를 많이 함유하고 있는 만큼 영양가가 높은 뿌리는 강판에 갈아 생즙을 내어 마시면 빈혈치료의 효과도 있으며 심장염이 있어서 부종이 나거나 소변이 탁할 때는 당근씨앗을 달여 마시든가 살짝 볶아서 먹으면 이뇨작용을 해줌으로 해서 방광염에 좋다.

당근은 거담제로서 숨이 가쁠 때와 가래가 떨어지지 않고 마른가래가 답답하게 끼어있을 때에는 윤담제가 되기도 하며 목소리가 자주 쉴 경우에는 즙을 내어 마시면 목도 트이고 소화도 잘되며 변비가 있을 때는 날것을 먹든가 즙을 내어 마시면 매우 좋다.

화상이나 여름철 햇볕에 피부가 그을려서 화끈거릴 때에는 생즙을 내서 환부에 바르면 시원하고 부드럽게 아무는 약효도 있으며 당근과 사과 꿀을 혼합하여 날마다 식전에 먹으면 원기를 돕고 하복부를 덥

히는 방법이 되어 소화촉진에도 좋다

또한 입맛을 돋우고 현장담의 예방과 구충의 효과가 있는가 하며는, 당근의 붉거나 노란 색소는 캐로틴인데 빛깔이 짙으면 6~10kg%나 들어있다는데서 캐로틴은 몸 안에서 비타민A로 바뀌기 때문에 프로비타민A라고도 하며 시금치와 함께 비타민A의 왕이라고 할 수 있다.

비타민A는 동물의 간에 많이 들어있는데 간 같은 것을 먹기 싫어하는 사람은 당근을 대신 먹으면 비타민A를 충족시킬 수 있다는 점에서 대단히 좋다.

비타민A는 물에 녹지 않고 가열해도 분해되지 않는 성질이 있는 지용성이기 때문에 기름에 볶아먹어야 좋다. 믹스에 갈아 즙만 짜먹는다면 비타민A를 모두 버리는 셈이 되니 유의 하기 바란다.

중요한 것은 당근에 들어있는 비타민C와 산화효소인 아스코르비나제는 다른 채소와 섞이면 비타민C를 파괴시키는 만큼 무, 오이, 배추 등과 함께 음식을 만들면 비과학적이라는 것을 생각하기 바란다.

우리는 조금만 아프면 병원에 가서 치료를 받고 약방에 가서 약을 사 먹는 버릇이 생겼으나 이보다 민간요법으로도 할 수 있는 건강식품을 활용하는 것도 좋은 방법이라고 생각한다.

74
미나리(수근)

 따뜻한 봄날 향내가 흐르는 산골마을의 시냇가 언덕아래 습지에 파릇파릇 돋아나며 입맛 돋구는 미나리의 향긋한 맛과 냄새로 봄은 한층 향기롭기만 하다.
 미나리는 미나리과에 속하는 다년생 초본으로 땅에 기면서 뻗어나가 마디에서 잔뿌리가 나와 땅에 뿌리를 박고 뻗어나가며 자라는데, 땅에 뿌리를 박는 줄기는 희고 둥글며 땅위의 줄기는 연초록이고 옆은 어긋나며 깃 모양 겹입인데 끝으로 갈수록 톱니모양이다. 꽃은 희고 작게 무리를 이루며 우산모양으로 핀다. 미나리는 잎과 줄기에서 향긋한 냄새가 풍길 뿐 아니라, 맛 또한 일품이다. 요즈음 우리의 채소와 약초의 각종 농산물은 재배할 때 농약과 비료를 사용 안하는 것이 없다고 생각할지 몰라도 우리 주위에는 농약, 비료 안주고 가꾸는 농작물과 약초, 채소가 많이 있는 것으로 알고 있다. 그중에서 미나리가 그중 하나이다. 깊고 깊은 산골짜기에 공해와 오염에 시달리지 않고 싱싱하게 자라는 미나리야 말로 우리의 건강식품이 아닐까?. 요즈음 시골에 가 보며는 맑게 흐르는 시냇가에 교통이 불편하고 일손이 부족한데 이런곳에 미나리를 재배하며는 얼마나 좋겠는가 하고 생각해 본다.

요즈음 일부 학자들에 의하여 농약을 많이 사용한 농산물이 많다고 보도한 바 있으므로 해서 농작물 값에 상당한 영향을 미치고 있는데 이러한 의혹점을 없애기 위해서라도 우리 스스로가 해결 하도록 힘써야 할 것이다. 그만큼 도시의 주부들은 농작물에 대하여 민감한 반응을 보이고 있다. 이러한 점에서도 미나리야말로 좋은 약도 되고 반찬도 되고 하니 많이 재배하는 것이 좋을 것 같다.

　미나리는 알카리성 식물인 만큼 산성체질을 산성화로 막아주는 작용도 하고 산과 알카리를 보체주는 식품으로도 알려져 있다. 토사광란, 류마티스 등에도 달여마시고 갈증을 풀어주고 정신을 맑게 해주며 피를 맑게 하는 효과도 있다. 숙취를 없애는 방법으로도 사용하며 이뇨작용과 배변작용도 도우고 황달병, 부인대하증에도 좋다고 한다.

　고혈압에는 미나리 생즙을 내어 먹으면 혈압조정도 되고 살도 빠진다고 한다. 그리고 불머리, 연탄가스 중독에 생즙을 장기복용하기도 하고 인후병 때문에 목이 마르고 건조하여 음성이 탁할 때와 월경 불순에도 많이 사용되고 있으며 특히 어린이들의 땀띠에 좋은 효과가 있다

　위와 같이 우리들에게 건강식품으로서도 많은 도움을 줄 뿐 아니라 미나리김치, 미나리무침, 미나리나물 등 구미 돋우는 반찬으로서 쓰이는 곳도 많고 재배하기도 쉬운 만큼 내버려진 습지 등에 농가 소득 증대를 위하여 그 재배를 권장하고 싶다.

75
취나물

 들에는 냉이와 쑥, 달래가 있는가 하면, 산에는 취나물과 미역취, 고
사리와 고비가 있는데, 그중에서도 취나물은 우리와 가장 친근한 나
물이며 봄의 입맛을 돋우며 민간 약용으로도 이용하고 있는 식물이
다. 무엇보다도 자연 그대로 공해에 오열되지 않은 심심두메 산골에
서 자라는 만큼, 무슨 무슨 약초하지만 그중에서도 취나물은 봄의 정
취를 풍기는 산나물로서 으뜸이라고 생각된다.
 취나물은 부식질인 점토질에서 잘 자라며 그늘이나 햇볕이 잘 드는
곳에서도 잘 자란다. 또한 노지에서도 월등하며 16~30도에서도 잘 생
육한다. 실생으로 번식도 가능하며 관수는 보통으로 해주어도 된다.
이른 봄에 돋아나는 어린순은 나물로 먹고 성숙한 것은 약용으로 사
용하는데 꽃이 필 때는 키가 큰 관계로 넘어지는 예도 있다.
 취나물은 키가 1~1.5m 정도로 자라는 다년초이며 근경은 굵고 짧으
며 줄기 끝에는 산방상으로 가지가 갈라진다. 잎의 길이는 9~25cm이
고 잎 폭은 6~18cm정도이며 잎 앞면은 반들반들하지만 거칠고 털이
나있고 짙은 녹색을 띄고 있다.
 잎 뒷면은 거칠면서 약간 흰색을 띠고 털이 나있다.

168 지천에 천대 받고 깔려있는 식물이 명약

잎가에는 치아상의 거치가 있거나 복거치가 있는데, 화서의 잎 길이는 3~5cm정도로 작으며, 꽃은 흰색으로 8월 하순에서부터 10월까지 핀다. 원산지는 우리나라이다.

 뭐니뭐니 해도 봄의 산나물 만치 산뜻한 맛은 없을 것이다. 봄에는 산과 들에 약을 친다 해도 여름같이 치지 않는 만큼 농약의 피해도 적고 공해도 적어서 봄의 나물은 빠르면 빠를수록 좋다는 것이다.

 그런데 취나물은 우리가 논뚝 밭뚝 어디서나 재배할 수 있지만 특히 산골짜기 그늘이나 양지에서 잘되고 꽃도 아무 꾸밈없이 피어나서 좋다. 거칠은 것은 가축의 먹이로 이용해도 좋은 만큼 누구든지 재배해 볼만한 식물이라고 생각한다.

 진달래, 함박꽃 아래 돋아다는 취나물이야말로 아리따운 여인의 예쁜 손으로 뜯어져 우리의 식탁에 올려지는 취나물은 그 향기와 부드러움으로 입맛을 돋우어 주고 약이 되므로 나물 중에서 좀 흔하다 해서 천대하지 말았으면 한다. 아무리 영양소가 많고 약이 된다 하더라도 집에서 재배하는 것은 약을 안칠래야 안칠 수 없는 만큼 산에서 나는 취나물만 못하다는 것을 염두해 두고 많이 애용하면 건강에도 도움을 줄 수 있지 않겠는가?

 우리는 봄날만큼 따듯하고 향기롭고 입맛 돋구는 취나물을 많이 애용하도록 해야 한다.

76
양파

양파는 마늘과 같이 수확하는데 잎은 파와 같다. 가을에 심어서 이듬해 수확하는데 잎은 먹지 못하고 뿌리 부분의 덩이줄기는 마늘과 같이 먹는데, 맵고 톡 쏘는 맛에 매력을 느낀다.

작물 중에서도 양파만큼 파동이 심한 것도 없을 것이다. 많이 재배하여 풍작이면 인건비도 충당하기 어려워 논, 밭에 그냥 내버리는 것이 양파인가 하면, 또 물량이 딸리며는 금값 대우를 받는 것이 또한 양파인데, 식당에 가면 김치와 양파가 식탁에 있는 것을 볼 수 있다. 어떤 해는 풍작이라 양파가 천덕꾸러기중에 천덕꾸러기 취급을 받고 있다. 외국산 농산물이 물밀듯이 수입 되는데다 양파가 대량 생산되고 있는데서 더욱 천대를 받고 있지만 본시 양파는 쓰이는 곳도 많고 약효도 여러 가지 있기에 소개하려고자 한다.

양파는 나리과에 딸린 여러해살이 풀로서 지하인경은 구형 또는 편구형이며, 잎은 가늘고 통통하며 길다. 중공원주형이고, 꽃줄기는 30~70cm쯤 되고, 줄기의 꼭대기에는 흰색 또는 담백색의 꽃이 산형화서로 피며 인경에 매운 맛과 전분이 있어서 식용으로 쓰이고 있다. 양파꽃은 여름에 핀다.

원산지는 페르시아, 이란이고, 우리나라에는 개화기 이후에 전해졌으며 신진대사를 높여 젊은이에게는 미용에, 중년기에는 건강식품으로 좋다.

그런데 양파에는 뜻밖에도 여러 가지 약효가 있다.

아기가 경기를 일으킬 때 양파를 잘라서 입에 대주며는 씻은 듯이 갈아 앉으며, 코가 막힐 때 즙을 내 조금씩 마시면 트이고, 충치로 인해 이가 아플 때는 양파를 갈아서 충치 안에 넣어 두면 통증이 멎기도 한다.

마음이 긴장될 때 양파를 생것으로 먹으면 조금 안정되기도 한다.

감기약을 써도 감기가 낫지 않을 때에는 양파 6백그람과 쇠고기 3백그람을 함께 넣어 국을 끓여 간을 맞추어 식사 때마다 부식으로 먹으면 효과를 볼 수 있다.

신경의 피로가 많고 음식을 심하게 가려 먹는 사람에게는 머리에 비듬이 많이 생긴다. 이 머리 비듬을 제거 하려면, 머리를 감고 말린 다음 양파를 모발 밑에 문지르면 7~10일이 지나면 비듬이 없어지며, 또한 양파를 갈아 즙을 거적에 싸서 머리피부에 탁탁 가볍게 두들겨 주며는 하루쯤 지나 머리를 감으면 효과가 좋다는 것을 알 수 있다.

페인트칠을 하고 난 뒤 냄새가 많이 날 때는 양파를 쪼개어 몇 개씩

지천에 천대 받고 팔력있는 식물이 명약 171

나누며는 냄새가 별로 나지 않는다.

옷에 김치 국물이 묻었을 때는 그 부분을 물에 담가두었다가 국물을 뺀 다음 양파를 잘게 썰어 즙이 되도록 다져서 물이든 부분의 앞뒤에 골고루 펴 바른 뒤 하루쯤 있다가 비누로 씻으면 깨끗이 없어지기도 한다.

우리의 식성도 시대의 흐름과 값에도 민감한 것을 느낄 수 있다.

요즈음 우리의 농축산물이 그리 많지도 풍부하지도 않은 상태에서 값은 어찌된 일인지 오를 줄 모르고 내리기만 하니 농사를 짓는 한사람으로서 안타까운 마음 금할 길이 없다. 우리의 농축산물은 우리 민족의 정신과 얼이 스며있고 우리의 풍토에 알맞은 만큼 우리가 애용해야 함에도 불구하고 어찌된 일인지 외국산 농축산물이 물밀듯이 들어오고 있으니 그것을 막을 길은 오직 우리 농산물을 애용하고 특성을 살리는 것이라고 생각한다.

농축산물 값이 오르고 비싸며는 잘 사고 잘 먹지만 값이 내리며는 잘 먹지도 않고 잘 사지도 않는 것을 볼 수 있다.

그 중의 한 가지가 양파인데 헐값일 때 많이 사 보관하여 두었다가 반찬거리가 없고 감기가 많은 겨울에 사용하며는 좋지 않을까 생각한다.

우리 모두가 풍부한 우리의 농산물을 잘 활용 한다며는 국민의 건강 증진에 크게 이바지 할 것으로 본다.

77 호박

 일렁이는 벼이삭 사이로 풀벌레 소리가 정겹게 들려오는데, 가을의 농촌정경 이라며는 무엇보다도 초가지붕위의 둥글고 하얀 박과 초가집 울타리에 매달려있는 누우런 호박덩이는 농촌의 소박한 인심과 같고 토담위에도 동그랗게 얹혀있는 호박덩이를 누가 못났다고 했는가? 멋을 모르는 자연그대로의 모습에서 한없는 정취를 느끼게 한다.

 못난 여자를 호박꽃에 비유하고 못난 것을 호박에 비유하지만 그 속은 얼마나 우아한 멋과 맵씨를 가졌는지 달콤한 냄새마저 풍긴다.

 호박하며는 호박떡, 울릉도 하면 호박엿이 생각나지만 호박은 쓰임새도 많고 영양가도 많고, 약효도 있다는 것은 주지하는 사실이지만 여기에 다시한번 소개하고자 한다.

 호박은 박과 식물로서 영양가가 매우 놓으며, 재래종인 토종과 개량종이 다 존재하고 있기도 하다. 어떤 작물은 개량종 때문에 우리 고유한 토종이 사라지고 없는데 지금도 농촌에 가면 길쭉한 호박과 둥굴납작한 호박이 밭뚝을 덮고 있는 것을 볼 수 있다.

 호박은 동인도가 원산지이고 일년생 덩굴성 풀로서 잎은 둥근 삼장형이고 다섯갈래로 얕게 째고, 여름철에 누우런 꽃이 자웅 동주로 피

는데 파류 가운데서 가장 큰 열매가 열리며 종류에 따라 형상도 여러
가지이며, 변종도 있다.

열매는 식용, 약용, 가축의 먹이로 쓰고 있으며 잎과 순 꽃봉우리도
식용으로 사용한다.

어린 호박을 『애호박』이라 하고 익어서 잘 굳은 것을 『청둥호박』이라
하지만 우리 지방에서는 누렁이 호박이라고 한다.

호박은 종류와 품종이 많지만 그래도 우리의 토종이 최고인 것이다.
호박은 크고 둥글고 누우런 것과 파란 단호박, 빨간 판상용, 무게가 1
백kg이 넘는 사료용 등이 있다.

호박은 익을수록 단맛이 증가하고 당분은 소화흡수가 잘되기 때문에
위장이 약하고 마른 사람에게는 부식용과 간식용으로 좋고, 회복기의
환자에게도 좋은 역할을 한다. 호박을 가장 효과적으로 먹는 방법은
기름에 조리하는 것인데 기름은 카로닌의 흡수가 높아지기 때문이라
고 한다.

그리고 동짓달에 호박을 먹으면 중풍에 안 걸린다고 하는데 이는 비
타민A와 C 및 B2의 효과가 있기 때문이라고 한다.

호박씨는 1백g당 5백50cal와 열량을 내고 그 지방질은 아주 훌륭한 불

포화지방으로 되어있으며, 머리를 좋게하는 레시틴과 필수 아미노산도 많이 포함되어 있다.

또한 호박씨는 혈압을 낮게 해준다는 연구도 있고 조충의 구제와 천식 치료에도 쓰여왔다고 한다. 호박씨는 볶으면 향긋한 맛이 나서 좋으며, 또한 기침이 심할때는 꿀이나 설탕에 섞어 먹으면 효과가 있고 젖이 부족한 산모가 먹으면 젖이 많이 나온다고 한다.

그리고 호박을 이용하여 여러 가지 음식을 만드는데, 호박고지와 호박김치, 호박떡, 호박무침, 호박범벅, 호박순지짐이, 호박전, 호박죽, 호박지짐이, 호박찜 요즘은 호박넥타도 많이 나오고 있다.

그리고 호박꽃에 날아와서 호박꽃가루에 뒹굴며 날아가는 호박벌은 몸길이가 2cm 이고 날개길이가 4cm쯤 되는데 몸은 짧고 큰데, 빛이 검고 후두연의 가운데와 가슴에는 누우런 빛의 긴 털이 많이 나 있다. 머리는 검은데 전두에는 암색의 가는 털이 나 있고 날개는 자주빛을 띤 남색이다. 이렇게 호박꽃에는 호박벌이란 것이 있어 수꽃과 암꽃에 날아와서 뒹굴기도 하여 열매를 잘 맺게 해준다.

농촌의 울타리와 담 위에는 탐스러운 호박과 넝쿨이 못생겼다고 말하는 호박꽃이 아침마다 정답게 맞아주며 인사를 한다. 그 넓은 잎사귀는 땡볕에 시들시들 하다가도 아침에는 활짝 피어나고 갑자기 쏟아지는 소나기에 우두둑 소리가 잘 나는 호박잎들... 넓은 잎은 거칠은 털이 많아도 그 잎을 살짝 데치어 쌈을 싸먹으면 우리의 입맛을 더 돋구어 주기도 한다.

가을철 호박덩쿨을 걸어다가 소먹이로 사용해도 좋은만큼 유휴지와 빈터, 밭뚝, 산 등 어느곳이나 거름이나 많이 넣어준다면 호박은 덩굴이 쭉쭉 뻗어 수없이 많이 열린다.

잘생긴 것 , 못생긴 것, 모두가 속은 붉그르스럼하게 고운 빛깔에 향긋한 냄새와 달콤한 멋을 간직한 우리 고유의 호박이야말로 우리 농촌의 훈훈한 인심과 소박한 생활을 그대로 나타내고 있다.

78
감자

감자는 온 집안 식구들이 오순도순 둘러 앉아 무더운 줄도 모르고 땀을 뻘뻘 흘리면서 많이 먹어도 배가 부른 줄 모르고 자꾸 먹게 되는 가지와 식물로서, 주식이면서 동시에 반찬으로도 애용되고 있다. 어두침침한 한여름 밤 마당 한가운데 모깃불 피워놓고 손자녀석들에게 재미있는 옛날이야기를 들려주면서 감자를 구워 먹는 것도 지금은 아득한 옛날이야기가 되었다.

'감자 꽃이 자주색인 것은 파보나 마나 자주색 감자이고, 흰 것은 파보나 마나 흰 감자' 라는 시도 있으며 사람들은 감자가 땅 밑에서 자꾸 굵어지기에 두더지 같다는 표현을 쓰기도 한다. 이렇게 우리에게 친근한 감자는 산간오지에서는 주식으로, 평야농가에는 반찬거리로 사용하면서 약용으로도 사용될 만큼 빼놓을 수 없었던 식량이었다.

감자는 흰 감자와 자주색 감자가 있는데 우리의 토종은 조금 노르스름하면서 조그마한 것이었으나 지금은 멸종된 것으로 보여 안타깝다.

감자의 원산지는 남아메리카의 안데스산맥과 칠레인데 잉카족이 처음 재배하였고 16세기에 유럽으로 전파되어 중국을 거쳐 우리나라에

들어오게 되었다.

가지과에 딸린 여러해살이 식물로서 잎은 깃꼴겹잎으로 어긋맞게 나며, 각 낱잎은 길고 둥근꼴의 크고 작은 두 종류가 있는데 5월이나 6월에 자주빛이나 흰빛의 꽃이 핀다. 땅속의 덩이줄기를 감자라고 하는데 녹말이 많아 널리 먹는 중요한 농작물이다.

또한 감자를 마령서, 번서, 북감저 라고도 하는데, 영양면으로 보면

지천에 천대 받고 팔력있는 식물이 명약 177

매우 우수한 식품으로 주성분이 전분, 아미노산, 유기염기, 포도당, 과당, 칼슘, 칼륨, 인 등이 골고루 들어있다. 완숙한 감자는 당분이 적은 반면 덜 완숙한 것은 당분이 많다. 철분은 쌀보다 월등히 많으며, 또한 비타민C기 풍부하여 하루 필요량을 섭취하려면 감자 다섯 개로 충분하다.

우리가 현재 많이 먹고 있는 쌀과 고기 등은 산성식품이어서 우리 몸의 피가 산성화되기 때문에, 산성과 알칼리성 식품을 골고루 먹어야 한다는 점에서 알칼리성식품인 감자는 몸 안의 산도조절을 위해 좋다. 감자는 식용으로 말고도 전분원료나 발효원료로도 이용가치가 많다.

감자를 이용한 음식으로는 감자를 갈아서 찹쌀가루와 함께 반죽하여 깍두기 조각처럼 썰어 바싹 말린 후, 흰엿과 참깨를 넣고 볶은 음식인 감자경단이 있고 감자의 녹말을 이용해 만든 감자국수, 감자녹말을 꿀에 반죽하여 판에 박은 다식인 감자다식, 감자만두, 감자밥, 감자볶음, 감자엿, 감자장아찌, 감자정과, 감자전, 감자조림, 감자찌개, 감자채, 감자튀김, 감자떡 등이 있다.

그리고 감자를 약용으로 쓸 때는 삶아서 잘 찧은 후 소금을 섞어 피부 종창이 있을 때 소염제로 응용하며, 굴을 섞어서 이용해도 된다. 감자에 체했을때는 감자를 태워 따듯한 물에 타서 마시면 된다. 생감자를 즙을 내어 마시면 서체를 없애주며, 화상에는 환부에 자주 바르면 좋다.

혈액이 산성화되어 있을 때는 어떤 병에도 저항력이 약하나 알칼리성이 되면 건강한 몸을 유지할 수 있다. 감자는 타액속의 산을 알칼리로 바꾸는 힘이 강하기 때문에 충치예방, 구취를 막을 수 있고, 감자의 장복으로 편도선염을 예방할 수도 있다.

발육기의 어린이에게 이유식으로 먹일 수 있으며 발육촉진제로 활용해도 좋다.

종기가 났을 때는 감자떡을 붙이고, 칼에 베었을 때 감자즙을 사용하면 회복이 빠르다. 이렇게 감자는 식용, 반찬, 약용으로 두루 쓰이고 있다.

감자 고르는 법을 살펴보면 겉보기에 곱고 끈한 것이 좋고, 푸른색이 도는 감자와 싹이 난 것과 감자눈이 깊은 것은 좋지 않다.

삶은 감자, 군감자, 으깬감자 등의 조리에는 전분함량이 많은 분질감자가 좋으며 기름을 사용하는 조리에는 겉모양이 곱고 색깔이 좋은 전분함량이 적은 점질감자가 좋다.

감자의 푸른 부분은 오려내야 한다. 이 부분은 솔라닌이란 독소가 있어 아린 맛이 있으며 어떤때는 식중독을 일으키기도 한다.

감자는 껍질을 벗기면 좋으나 삶아서 먹을 때는 껍질을 벗기지 않는 것이 영양분의 손실이 적어서 좋은 것이다. 이와 같이 현대의학으로도 고칠 수 없는 병을 민간요법을 통해서 고치는 예는 매우 많다.

육식이나 쌀밥을 찾기보다 몸에 좋은 감자를 많이 먹어 주었으면 하는 바램이며, 우리 몸에는 우리 땅에서 난 농작물이 약이 된다는 것을 알고 쉴새없이 밀려드는 외국의 농산물에 대처하여 우리 것을 사용해 주었으면 한다.

79
하눌타리(과루근)

줄이 쭉쭉 뻗어나면서 여름에는 하얀 꽃이 피고 가을이면 불그스레한 열매가 맑은 하늘과 잘 어울리게 매달려있는 것을 볼 때마다 풍요와 결실의 계절답게 아름다움을 느낄 수 있다.

박과에 딸린 여러해살이풀로 줄기가 꾸불꾸불하게 생겨 감는 덩굴식물로서 담이나 나무 등에 달라붙어 쭉쭉 뻗어 나가면서 자라는데 잎은 심장형으로 엷고 셋 내지 다섯 갈래로 갈라졌으며 잎에는 톱니 모양으로 되어있고 줄기와 잎에는 가는 털이 많이 있어 풀 전체를 보면 광택이 없어 보인다.

꽃은 솜털 같은 흰 꽃이 피는데, 그리 아름답지도 않으며 꽃이 핀 것을 보면 시들시들 해 보인다.

꽃은 여름에 피는데 낮에는 시들고 밤에 핀다. 열매는 가을에 불그스레하게 익는다.

여름에 피는 하눌타리의 꽃은 별로 아름답지 않지만, 가을에 열매는 매우 아름다울 뿐 아니라 한약재로도 많이 쓰이는데 열매는 괄루인(括褸仁), 뿌리는 괄루근(括褸根), 또는 토과근(土瓜根)이라 하며 뿌리의 가루는 천화분이라고 하는데 그 외는 과루, 괄루, 오과, 천과 토과

등으로 불린다.

 가을에 열매에서 씨앗을 받아서 봄에 파종하면 되고, 토질은 아주 추운 곳을 제외하고 석회암이 풍화된 곳으로 습기가 많으며 자갈이 섞인 곳이면 좋다.

 약으로 쓸 때는 캐낸 뿌리를 물에 씻고 껍질을 벗기고 햇볕에 말려서 사용하면 되고 열매의 냄새는 별로 없고 맛은 쓰고 기름기가 있다.

 하늘타리를 보고 경주지방에서는 하늘 수박이라고 부르고 강원도 영동지방에서는 달 수박이라고 부르기도 한다. 농가의 울타리나 담, 숲이나 과수원 울타리 등 어디에서나 잘 자라며 재배가 용이 할 뿐 아니라 정원에 심어 두면 보기에도 좋아 권장하여도 좋을 것이다.

 요즈음 우리 세대를 보면 조금만 아파도 병원에 가지만 우리 조상들은 민간요법 즉 조약을 많이 써서 병을 낫게 하였다.

지천에 천대 받고 괄력있는 식물이 명약 181

80
은행나무

늦가을 찬비에 노오란 은행잎이 뚝뚝 떨어지는 거리를 느닷없이 밟고 지나는 연인의 모습에 겨울을 재촉하는 세찬 바람에 휘날리는 은행잎들은 수많은 나비 떼가 날아드는 듯 곱고 고운 여인의 노오란 은행잎에 물드는 계절인가 보다. 열매는 황갈색으로 냄새가 지독하다.

은행나무의 원산지는 중국이며 은행잎의 노오란색은 중심되는 색이라 하여 중용을 뜻하는 색으로 예로부터 동양의학에서는 널리 알려져 왔다고 한다.

낙엽수이기도 한 은행나무는 은행나무과에 딸린 큰키나무로 바늘잎나무이며 잎은 부채꼴이다.

암수딴그루가 있고 수꽃은 5월에 이삭꽃 차례로 피고, 암꽃은 꽃자루 끝에 두 개가 피는데 둥근 씨 열매는 10월에 노오랗게 익으며 가로수, 정자나무 등으로 심는다.

나무는 가구, 조각재로 쓰이고, 열매와 잎은 약제로 쓰는데 공손수, 압각수 등으로 불리며 전설이 많기로 은행나무가 으뜸이기도 하다.

은행알은 껍질이 단단하므로 저장하기 쉬우나 속 알맹이가 말라 좋지 못하여 구워 먹지만 고급요리 등으로도 쓴다.

식용, 약용으로 민간에서 많이 애용하기도 한다. 당분, 지방 등이 함유되어 있어 진해거담제로 애용하기도 하며 사상의학에서 말하는 태음체질이라 하여 몸이 뚱뚱하고, 숨이 가쁘고 변비가 있고, 목이 굵고, 아랫배가 부르며 가래가 많은 체질에 좋은 약용 식품이라 한다

은행은 날것으로 찧어 붙이면 종기에 소염 소독되는 효과가 있으며 주독이 있을 때는 은행나무 가지를 달여먹으면 좋다고 한다. 가래가 끈끈하고 숨이 가쁘고 기침이 많을 때는 쌀뜨물에 은행 30~40개 달여서 3회에 나누어 먹으면 효과가 있다. 차멀미에는 은행알을 구워 껌 같이 씹으면 좋고, 소변이 잦거나 조루증이 있을 때 은행알을 구워서 5~8개씩 먹으면 좋다고 한다. 날것으로 먹으면 간장에서 해독을 못

지천에 천대 받고 팔력있는 식물이 명약 183

하기 때문에 식중독을 일으킬 우려가 있기 때문에 구워서 먹으면 좋다.

술안주로 쓸 때도 구워 먹어야 좋지 그렇지 않으면 생명을 잃게 될 우려가 있으므로 조심해야 한다.

은행나무야말로 우리의 자연을 아름답게 만들어 줄 뿐 아니라 식용, 약용 재목으로 쓰이고 있는 만큼 산간 유휴지를 이용함이 좋을 것이다.

우리나라의 오래된 나무하면 무엇보다도 은행나무와 느티나무가 가장 많으며 정자나무로도 제일 많이 각광을 받고 있으며 가로수로도 환영을 받고 있다.

81
모과나무

 모과나무 하면 심술궂은데 비유하고 모과는 못난이에 비유하지만, 나뭇잎의 빛깔과 생김새는 윤이 나고 아름다우며 열매인 모과는 못생겼다고 하지만 그 내뿜는 향기가 향기롭기 그지없다.

 모과는 장미과에 딸린 나무로써 키가 크고 활엽수이다.

 나무껍질을 보면 녹갈색의 구름무늬가 있는데 해마다 벗겨지고, 잎은 기다랗게 동글며 잎 가에는 가는 톱니 모양으로 되었으며 어긋맞게 난다. 꽃은 봄에 피는데 선홍색의 다섯 잎이 피고, 열매는 가을에 노오랗게 익는데 내뿜는 향기가 잘났다는 그 어느 나무의 열매보다 좋다. 또한, 쓰임새도 많아서 한약재로서뿐 아니라 술을 비롯해서 모과수, 모가죽, 모과정과 등을 만들기도 한다.

 모과수는 모과껍질을 벗겨서 삶아 뜨겁게 끓인 꿀에 담가 삭혀 먹는 것을 말하며, 모과죽은 말린 모과를 가루로 만들어서 좁쌀이나 찹쌀 뜨물에 쑤어 생앙(생강)즙을 타서 만든 죽을 말한다. 모과정과는 모과를 삶아서 누르거나 문질러 즙을 짜낸 다음 꿀과 물을 섞어 되직하게 끓여 낸 것을 말한다.

 모과떡도 있는데 모과를 쪄서 껍질을 벗기고 속을 빼낸 다음 체에 걸러낸 뒤 녹말을 섞어 꿀을 쳐서 끓이면 모과떡이 된다.

 '모과' 를 경주지방에서는 '모개' 라고 하는데 원산지는 중국이지만 우리나라와 중국, 일본 등지에 많이 분포되어 있다.

칼슘과 카리, 철분 등 무기질이 풍부한 알칼리성 식품이며 신맛은 사과산과 유기산인데 이것들은 신진대사를 도와주고 소화효소의 분비를 촉진 시켜 주는 효과가 있다.

한방에서는 감기, 기관지염, 폐렴 등을 앓아 기침을 심하게 할 때 좋은 효과를 보는 것으로 알려지고 있으며, 껍질이 끈끈한 것은 바로 향이 성분인 정유분 때문이다.

또한, 음식물의 소화를 돕고, 설사 뒤에 오는 갈증을 없애 주기도 하며 폐를 튼튼하게 하고 위를 좋게 해주는 것으로 알려지고 있다.

열매가 곱고 향기롭기로 유명한 모과! 정원수로도 좋고 한약재로도 좋은 만큼 밭뚝이나 빈 땅에 심으면 좋을 것이다.

82
배추

 김장철이 되면 배추와 무, 고추, 마늘은 필수적이라고 하지만 그중에서도 배추는 빼놓을 수 없는, 가장 많은 화제를 불러일으키는 김장거리이다.

 사시사철, 일 년 내내 먹을 수 있지만, 옛날에는 김장용 배추야말로 겨울의 반찬으로서 으뜸이었다.

 세월의 흐름과 시대의 변천에 따라 입맛도 변하고 살아가는 생활습관도 변한다고 하겠지만, 김장철만 되면 안 변하는 것이 바로 김장하는 풍습이다.

 배추는 겨잣과로 한해살이 또는 두해살이 풀로서 주게(주걱) 모양의 잎이 밑둥에 모여 있는데 잎은 쭈글쭈글하며 잎 가에는 톱날같이 되어있다. 봄날 들에 나가보면 노오란 배추꽃이 핀 것을 볼 수 있는데 꽃잎은 네 개이며 배추는 품종도 많고 일 년 내내 김치를 해 먹을 수 있다. 요즈음은 배추를 겨울에 보관하는 예가 거의 없지만 옛날에는 밭에 짚을 가지고 배추를 덮어 놓은 것을 많이 보아왔다.

 배추를 이 지방에서는 뱁차, 또는 배차 등으로 부르기도 한다.

 배추는 김치와 시래기로만 알지만, 한약재로도 쓰는데 한약명으로

188 지천에 천대 받고 팔력있는 식물이 명약

백채, 숭채, 송채 등으로 부른다.

배추는 성질이 고르고 맛이 달고 독이 없으며 먹은 것은 소화가 잘 되고 기를 내리게 하며 장위를 통하게 하고 가슴속의 열을 없애고 주갈과 소갈을 그치게 한다. 야채 중에서 배추를 우리가 가장 많이 먹고 있는데 지나치게 많이 먹게 되면 냉병을 일으키게 되는데 이럴 때는 생강으로 풀어주기도 한다.

그리고 배추 기름을 짜서 머리에 바르면 털이 길고, 칼이 녹이 슬 때 바르면 녹이 슬지 않는다.

배추를 절반쯤 말려 병 속에 넣어서 뜨거운 물을 부어 3일이 지나면 초맛이 나는데 이것을 제수라 하며, 나물에 넣고 무쳐 단연을 토하게 하고 오미를 섞어서 국을 끓여 먹으면 비와 위를 부드럽게 하여 준다고 해서 술의 독을 풀어주기도 한다.

배추야말로 김치와 시래기로서 우리 민족의 숱한 애환과 삶을 간직하여 준 채소라고 말하여도 좋을 것이다.

무는 뿌리, 배추는 잎, 고추는 열매라지만 무는 남자에 비유하고 배추는 여자에 비유하는데 그것은 다름 아닌 무는 바지를 입고 매운맛이 있기 때문이고 배추는 치마 입은 것 같으며 맛도 고소하기 때문이다.

작은 무를 잎째로 담근 김치를 총각김치라 한 것도 거기에서 나온 말일 것이다. 배추도 어린 것을 김치로 담근다면 그것을 처녀김치라고 하면 어떨까?

앞으로 그런 김치를 처녀김치라 불러도 좋을 듯하다.

파는 쪽파와 대파, 양파 등이 있지만 흔히들 파하면 대파를 말하기도 한다.

키는 30~60Cm 정도이고 잎은 둥글고 끝이 뾰족한데, 속은 비어 있다.

꽃은 여름에 원추 모양의 꽃대가 나와서 흰색의 작은 종 모양의 꽃이 빽빽이 핀다. 씨방은 3개이고 씨는 검은색이다.

여러 가지 조리법이나 약으로도 많이 쓰이고 있는데 몇 가지를 소개하고자 한다.

끓는 물에 파 흰 부분 3개와 설탕 5g 정도를 섞어 백비탕을 만들어서 찬바람을 씌워서 감기가 들어 콧물이 나고 기침이 날 때나 머리가 아프고 몸이 으스스할 때 먹으면 효과가 있다.

파는 약으로 쓸 때 잎 부분 흰 줄기 부분과 뿌리 부분으로 나눌수 있다.

흰 뿌리 부분은 우리 몸에서 가슴이나 심장, 간장, 위 호흡기나 머리 부분에 병이 있을 때에는 살짝 구워서 먹으면 좋다. 감기 끝에 오줌소태 증상이 있을 때에는 잎과 줄기를 한 줌 정도 달여서 마시면 해열과 이뇨제로서 좋은 민간요법이라 할 수 있다. 또 찬밥을 먹었을 때, 토사

곽란을 만났을 시에는 파 흰 부분과 뿌리를 끓여서 마시고, 파 뿌리를 볶아서 배꼽 위에 올려놓아 따뜻하게 하면 토사곽란이 멈추게 된다.

갓난아기가 변을 못 보게 되고 젖을 못 빨 때는 파 밑둥치 부분을 젖과 함께 달여 먹이면 좋다

파 뿌리 3개와 참기름에 살구씨 3개를 끓여 아기들 기침이 들었을 때 먹이면 좋다.

그리고 잣나무잎 1묶음과 파 흰 부분과 뿌리 반 줌을 물 두 되로 부어 달여 반이 되도록 하여 수시로 차 마시듯 하면 좋은데, 이것은 일반 감기에도 효력이 있고, 고혈압으로 갑자기 졸도하여 인사불성일 때 빨리 이 차를 입에 넣어주면 효과적이다.

이것은 별로 어려운 것이 아닌 만큼 고혈압 환자에게 사용해 본다면 좋은 효과를 얻을 수 있다.

민간요법이라고 해서 현대의학을 따라갈 수 없다지만 그래도 병원이나 양약으로 해결할 수 없는 것을 신통하게 낫게 하는 일도 간혹 있는 것을 보아왔다.

우리 선조들의 지혜와 정신이 고이 깃들어 있는 민간요법이야말로 어려움에 처해 있을 때 사용해 봄도 좋을 것이기에 권장해 보는 바이다.

지천에 천대 받고 팔력있는 식물이 명약 191

84
사철나무

 꽁꽁 얼어붙은 한겨울 앙상한 나뭇가지가 불어오는 세찬 바람에 휘청거리며 싸늘한 햇살이 아스라이 비춰주는 가운데 또 한해를 맞이하는 길목에서 그 푸른 빛을 잃지 않고 추우나 더우나 언제나 윤기 나는 잎사귀에 빨간 열매가 멋을 부리는 상록수인 것이다.
 사철나무는 정원수로서 꽃밭에도 심고 생울타리로도 많이 하고 꽃다발 용으로도 많이 이용하고 있다.
 노박덩굴과에 딸린 늘 푸른 나무로서 잎은 녹색으로 윤기가 나고 둥근알꼴로서 여름에 녹백색의 꽃이 피며 열매는 익으면 빨간색을 지니게 되는데 우리나라 전역에 분포되어 있으며 양지바르고 따뜻한 곳이 적지이다.
 껍질은 한약재로서 동청 또는 동청수라 하면서 신체허약, 히스테리, 이뇨제로 말린 약재를 1회 2~4g 달여서 복용하면 좋다.
 사철나무는 학명이 Euony mus japonicus Thunb 이며, 관상용, 약용, 식용, 공업용으로 널리 쓰이는데, 진통제, 요통제, 자궁출혈제, 통경, 강장제로 쓰이기도 하는 만큼 우리가 관상수로만 여길 것이 아니라 한약재로도 쓰이고 있다는 것을 알 수 있다.

요즈음 과수원 울타리를 한답시고 가시가 많은 탱자나무를 심어서 남에게 많은 피해를 주는 예가 많은데 이것을 가시가 없는 사철나무로 이용하여 주며는 어떨까 하는 바이다.

　탱자나무는 가시가 있어 도둑의 침입을 막기 쉽고 열매가 보기 좋고 향기롭다고 할지 모르지만, 가시가 있어서 그 피해를 당해보지 않은 사람은 없을 것이다. 그런데 사철 푸른 사철나무를 울타리로 삼아 준다면 보기도 좋고 위험성도 없어서 좋을 것 같다. 그뿐 아니라 사적지의 울타리로도 많이 심어 주면 얼마나 좋겠는가?.

　사철나무처럼 언제나 푸르고 맑게 윤이 나게 빛나는 마음을 가지고 밝은 웃음 지으며 생활해 간다면 얼마나 좋겠는가? 남을 해치기보다. 나만의 지나친 욕심보다, 남을 생각하고 서로 도우며 살아가는 지혜로움도 좋을 것이다.

　당장 힘이 들고 괴롭다 하더라도 꾸준히 일하면서 살아가는 모습도 세상을 훈훈하게 만드는 모습 중이 하나이다. 몸이 불편해서 길가에 쓰러진 사람을 본체만체 지나가는 사람들, 뺑소니 차에 치여 몸부림칠때 보살펴 주면 그 사람을 도리어 사고차로 오인하는 세상이다.

　남을 돕는 사람을 바보 취급하는 사람이 되지 말고 서로서로 도우며 자기의 잘잘못을 알고 생활하는 사람이야말로 사철나무처럼 비가 오나 눈이 오나 추우나 더우나 언제나 푸른 빛을 잃지 않고 윤이 나게 빛나는 잎사귀처럼 빛날 것이다.

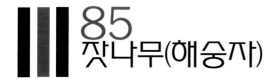

85
잣나무(해송자)

한겨울 세찬 바람과 눈보라에도 그 기상이 꺾이지 않고 푸르다 못해 검푸른 빛을 가진 잣나무의 기상이야말로 신라 화랑들이 가졌다고 할 수 있겠다.

그래서 삼국중에서 제일 힘이 약할뿐 아니라 반도의 한구석에서 작은 나라 신라가 삼국통일을 한 것도 화랑들이 잣나무의 기상을 보고 이룩한 것이 아닌가 말이다. 그래서 신라 향가중에서 찬기 파랑가에서 잣나무가 나오는 것이다. 그래서 잎이 다섯인 잣나무를 보고 화랑도의 세속오계가 생긴것이 아닌가?

잣나무는 잎이 다섯이라 해서 '오엽송' 이라고도 하는데 우리나라를 비롯해서 중국 북부와 시베리아에 많이 자란다.

우리나라에서는 강원지방에 많이 자라며 우리 지방에서는 그리 많지는 않지만 근래에 많이 심었는데 아직 잣이 많이 달리지는 않나 보다.

잣나무는 소나뭇과에 속하는데 솔방울처럼 생긴 잣송이가 달린다. 그런데 늘 푸른 바늘잎 나무이다.

잣의 일반 성분을 보면 비타민과 무기염류 등을 가지고 있는데 비타민 A와 B 복합체, 나이아신 같은 물질이 많이 들어있으며 철분을 비롯해서 인과 회분 같은 무기염류도 다른 식품보다 질도 좋고 양도 많으며 해초나 다시마와 같이 먹으면 건강에 좋다고 한다. 그런 만큼 옛날부터 장수식품으로 여겨오고 있다.

잣 하면은 잣죽과 정월 대보름의 부름을 생각하고 호두, 밤과 함께 딱딱한 열매로 여기고 있다.

아름다운 여인에게는 미용식으로 노인들에게는 장수식품으로 인기가 있는 잣, 우리의 고유한 맛을 가지고 있다고 할 수 있다.

잣나무는 소나무보다 더 푸르고 자람세를 보면 어릴 때는 더디 크지만, 어느 정도 자라면 검푸른 빛을 띠고 왕성하게 자라는 것을 볼 수 있다.

그리고 잣나무는 잎과 열매는 약용으로 쓰고 목재는 건축재료로 쓰며 아름다운 빛깔에 부드러우며 가볍고 그윽한 솔향기에 자연의 아름다움과 깨끗한 환경을 느낄 수 있다.

우리나라의 산에 소나무가 많다지만 그보다는 잣나무와 그 기세 당당함이야말로 소나무에 비할 바가 아니라고 한다.

196 지천에 천대 받고 팔려있는 식물이 명약

86
소나무(송실)

소나무는 영원불멸이라는 꽃말과 같이 추우나 더우나 언제나 푸른 빛을 잃지 않고 영원불멸의 정신을 심어 주는 만큼 우리 민족의 상징이기도 하다.

나무를 연료로 사용하던 몇 년 전만 해도 수난을 겪었으며 또한 송충이 솔잎혹파리 소나무 재선충의 피해로 그 영원불멸의 빛을 잃었을 때도 있었다.

그러나 지금은 수북이 쌓이는 낙엽 덕분에 온화하기만 한 소나무 숲속이다.

메마른 산에서도 촘촘히 더디 자라면서 굳건한가 하며는 기암절벽 낭떠러지에의 틈에서도 푸른 빛을 잃지 않고 용트림하기도 한다. 바닷바람이 세차게 휘몰아치는 백사장의 방풍림과 넓고 넓은 벌판에 외로이 선 소나무, 묘 둘레에 심는 도래솔, 우리 생활과 주위에서 뗄래야 뗄 수 없는 나무가 바로 이 소나무이다.

우아하면서도 거만하지 않으며 수려하게 척박한 땅에서도 수 천 년의 풍상을 겪으며 우리의 국토를 아름답게 만들어 준 나무이기도 하다.

집을 지을 때도 소나무 기둥을 으뜸으로 치며 소나무에서 풍기는 냄새와 끈적끈적한 송진이야말로 우리 민족과 함께 이어 내려온 은은하고 끈기 있는 마음이 아닐까 한다.

소나무는 소나뭇과에 딸린 늘 푸른 바늘잎 나무인데 큰키나무이다. 껍질은 검붉은 색으로 비늘같이 일어나는데, 노송은 아래는 껍질이 두꺼우나 위에는 얇고 붉으며 비늘같이 잘 일어난다. 잎은 바늘 꼴로 두 잎이 모여나며 5월에 꽃이 피고, 열매는 솔방울이라 하여 가을에 익으며 건축재료 가구재 땔감 등으로 쓰이며 송진은 약용, 공업용으로 쓰인다. 소나무의 학명은 Pinus densiflora sieb et zuu 이며 이뇨제, 고혈압, 중풍 예방 등에 사용하는데 잎을 1회에 말려서 약재를 4~8g 달여 먹거나 가루를 만들어서 먹으면 좋다. 그리고 송엽주를 만들어서 마시기도 한다.

옛날에 먹을 것이 귀할 때는 소나무의 속껍질을 송기라 하여 먹으면서 끼니를 때울 때도 있었는데 지금 다 옛날얘기가 되고 말았다.

나무를 연료로 사용할 때는 산에 나무하는 사람을 산림을 훼손하는 사람으로 엄하게 처벌했는데 지금은 돈을 준다 해도 산에 나무할 사람이 없으니 세상이 변하기는 많이 변한 것이다.

산에 나무를 해야 나무를 보호하는 것이 현실이다.

87
자작나무(화목피)

  깊고 높은 산등성이에 히뿌연하게 줄줄 껍질을 벗겨지는 나무가 바로 경주 지방에서는 거져나무라 부르는 자작나무이다. 거져나무라 부르는 것은 다름이 아니고 껍질이 거져 줄줄 벗겨진다고 붙여진 이름이고, 자작나무는 껍질이 자작자작 잘 벗겨지며 기름기가 많아 불에 잘 타는데 자작자작 소리가 나는 데서 붙여진 것이 아닐까? 모든 나무는 그 나무의 특성에 따라 붙여진 이름이 많은데 자세히는 모르지만, 자작나무도 그렇게 붙여진 것으로 생각한다.

  합천 해인사의 팔만대장경 판목도 자작나무라 하고 경주 천마총의 천마도도 자작나무에 그렸다고 하는 사람도 많이 있는데 자작나무는 공예품으로 많이 이용해 왔는데 이 나무는 화려하지도 않은 가운데 은은한 우리 고유의 빛을 가진 나무라 할 수 있겠다.

  자작나무는 자작나뭇과 딸린 갈잎 큰키나무로서 껍질은 히뿌연하게 흰색인데 수평으로 벗겨지고 잔가지는 자주색 갈빛이 나고 잎은 세모진 알꼴로 가에 톱니가 있으며, 북부지방에 많이 자라지만 높은 산등성이에 많이 있다.

  자작나무는 벌레도 잘 먹지 않고 잘 썩지도 않으며 기름기가 많아서

변질이 잘되지 않는 나무로서 건축재 공으

이용해 왔다.

 그리고 자작나무는 기름기가 많아서 깊은 산속에서 비가 올 때 불쏘시개로 많이 이용해 왔는데, 강원도 지방에서는 심메마니들이 산에 가서 비를 만날 때는 자작나무껍질이나 사스레나무껍질로 불을 많이 지폈다고 한다. 흔히들 보며는 박달나무와 자작나무, 사스레나무를 잘 구별하지 못하는데 자작나무는 껍질이 희고 두꺼우며, 사스레나무는 껍질이 얇고 갈색빛이 더 많다. 사스레나무껍질을 벗기며는 종이보다 얇고 거기에 붓글씨와 그림을 그리는 사람도 있다.

 그리고 박달나무와 자작나무의 구별은 자작나무껍질이 더 희고 열매꼬투리가 아래로 축 늘어지고 위로 향가고 있다는 사실이다.

 자작나무껍질은 한약명으로 백단, 백화라고도 하고 또는 백화피, 화피, 화피목이라고도 한다.

 일 년 내내 언제라도 채취 가능하지만 봄부터 가을까지가 좋다. 그것은 나무도 추우면 꽁꽁 얼어서 나무껍질이 잘 벗겨지지 않는 것인 만큼 따뜻할 때가 좋은 것이다. 거친 겉껍질을 없애고 햇볕에 잘 말리어 사용하면 된다.

 이뇨, 진통, 해열, 해독의 약효가 있고 편도선염, 폐렴. 기관지염. 신장염, 요도염, 방광염, 류머티즘, 통풍 등 그의 피부병에도 많이 사용하기도 한다.

 말린 약재를 1회에 8~10g씩 200cc의 물로 잘 달여서 복용하면 되고, 류머티즘이나 통풍에는 약재를 달인 뜨거운 물로 찜질하면 된다.

 자작나무는 둥치의 빛깔이 고와서 관상수로 심으면 좋은데 나무에 손을 대는 것을 싫어하기 때문에 자연 그대로 두는 것이 좋다.

 그리고 자작나무에는 다음과 같은 전설이 전해지고 있다.

 옛날 칭기즈칸이 멀리 유럽 원정 때의 이야기다. 칭기즈칸 군대의 앞잡이 노릇을 하던 유럽 출신의 한 왕자가 있었다.

 왕자는 장차 자기가 왕위에 오르지 못한다는 것에 대해 불만을 품었는지 아니면 아버지로부터 미움을 받고 쫓겨났는지는 몰라도 유럽 여러 나라에 대해 앙심을 품고 칭기즈칸의 진군을 여러모로 도왔다고 한다. 언제나 칭기즈칸의 군대보다 앞에 가서 칭기즈칸 군대는 신무기와 굉장한 힘을 가졌다는 말을 몰래 퍼뜨려 유럽의 병사들의 사기를 떨어뜨리고 전쟁도 하기 전에 미리 겁을 먹게 하여 도망치게 하면서 칭기즈칸 군대는 싸우지도 않고 승리를 하게 만들었는데 알고 보니 칭기즈칸 군대는 소문만큼 강하지도 않고, 신통한 신무기도 없는 군대이며 그런 터무니 없는 소문을 누가 퍼뜨리고 다녔는지도 알게 되었다. 이것을 알아차린 왕자는 유럽 편도 칭기즈칸 편도 들지 않고 북쪽으로만 멀리멀리 도망을 쳤다.

그런데 더 이상 도망을 갈 수가 없는 지경에 이르자 왕자는 땅을 깊이 파고 온몸에 하얀 명주실을 칭칭 감고서는 그 구덩이에 뛰어들어 죽고 말았다.

그런데 왕자가 죽은 무덤에서 다음 해 봄에 자작나무가 자랐는데 하얀 천을 겹겹이 둘러싼 듯이 이 나무껍질을 아무리 벗겨도 계속 흰 껍질이 나오는데 이것은 아마 자기의 정체를 숨기려는 왕자의 마음과 같다고 한다.

이 나무는 그래서 그런지 도시와 야산 등지에서는 찾을 수 없고 깊은 산속의 산등성이에 많은 것을 볼 수 있다.

88
칡(갈근)

  우리가 어릴 때 산기슭의 언덕이 뚝뚝 떨어진 곳에 가면 팔뚝 서리만한 칡뿌리가 나와 있는 것을 볼 수 있다. 그래서 이산 저산 다니며 칡뿌리를 캐기도 하고, 여름이면 칡넝쿨을 베어다가 소를 먹이기도 하고 겨울이면 칡덩굴을 걷어다가 나무를 묶기도 하는 등 여러모로 쓰임새 많은 칡을 보고 경주 지방에서는 칠기라고 부른다.

  산과 들에 스스로 자라는 콩과식물이며 여러해살이 덩굴풀로서 우리나라 전역에 골고루 분포되어 많이 자라고 있다.

  칡넝쿨에서 뽑아내는 섬유를 보고 갈포라고 하는데, 갈포는 벽지를 많이 만들고 덩굴은 가축의 먹이로 이용하고 뿌리는 약용으로 쓰고 거기에서 나오는 전분을 뽑아 식용으로도 이용하고 생것을 즐겨 먹기도 한다.

  칡은 우리나라 방방곡곡에 어디든지 다 자라며 토질을 가리지 않고 잘 자란다.

  그런데 몇 년 전에 경주 내남면 화곡리 도꼬불의 새못안골에 가서 칡뿌리를 캐는데 칡뿌리가 바위를 한 바퀴 빙빙 돌아 감는 것이었다. 그런 것을 보면은 뻗어가는 것의 강인함을 알 수 있었다.

칡의 특징이라면 덩굴은 굵은 것

는 성질의 것으로서 산골짜기 언덕이나 산 전체에 퍼지면서 나무를 감고 매달려서 자라기를 좋아하는 식물이다. 그리고 겨울만 되면 잎이 떨어졌다가 봄에 다시 자라 퍼져 번져나간다. 잎은 세의 작은 잎과 긴 잎줄기로 되어있으며 그 앞에 갈색의 거친 털이 달려있고 잎 뒷면은 흰색이다.

꽃은 나비 모양의 홍자색을 띠고 꽃이 피고 그 꽃이 전후에는 평평한 꼬투리가 달려있으며 거기에는 거친 털이 많이 달려있다. 꼬투리가 익으면 흑갈색의 윤기가 있는 씨앗이 된다.

씨앗은 겨울에 받으면 된다.

한약명은 뿌리를 갈근, 꽃을 갈화라 한다.

뿌리는 두통, 고혈압, 설사, 방한, 청량해열, 건위, 진경 약으로 쓰이고 꽃은 식욕부진, 구토, 주독으로 이용하는데 뿌리는 1회에 4~8g, 꽃은 2~4g 달여 마시고, 뿌리는 녹말을 채취하기도 한다. 뿌리는 겨울이나 가을이나 1년 내내 채취하고 꽃은 여름에 한다. 그런데 뿌리는 가급적 오래된 뿌리를 골라 캐어야 좋다.

조제를 하려면는 캐어낸 뿌리를 물에 잘 씻어서 말리고 겉껍질을 벗기고 세로로 넓게 자르거나 모나고 잘게 잘라서 말리면 된다.

요즈음 산마다 칡넝쿨이 많은데 칡넝쿨은 나무를 묶을 때나 무나 배추 시래기 엮는 데나 짚을 등치로 묶을 때 사용하고 잎은 가축의 먹이로 사용하고 뿌리는 한약재로 쓰는 만큼 칡을 많이 이용하면 좋을 것이다.

 화사하고 따뜻한 봄날, 곱게 차려입은 옷에 머리카락 날리며 언덕배기에 뽀얗고 탐스럽게 돋아나는 쑥을 캐는 모습을 볼 수 있다.
 수많은 나물 중에서도 쑥은 우리와 너무도 친근감 있는 나물인가 보다.
 쑥국 끓는 냄새에 봄은 깊어가고 쑥떡먹는 맛에 인정이 오고 갔으며 아플 때는 어김없이 쑥뜸을 하던 우리 선조들의 지혜가 새삼 생각난다.
 쑥은 국화과의 여러해살이 풀로써 잎은 마디마디 서로 어긋나게 자라고 여러 갈래로 나 있으며 앞면은 푸르고 윤기가 나고 뒷면은 흰색이면서 솜털 같은 것이 많이 나 있는데 쑥의 독특한 향기가 있다.
 꽃은 늦여름에 줄기 끝에 불그스레하게 핀다.
 쑥은 종류가 수없이 많다. 대체로 보면 사철쑥, 제비쑥, 인진쑥, 실제비쑥, 섬제비쑥, 덤벌쑥, 비쑥, 다북쑥, 약쑥, 참쑥, 물쑥, 그늘쑥 등 종류가 수없이 많다.
 쑥은 떡을 해먹는 등 식용과 약쑥 등 약용으로도 쓰이고 있으며 산쑥은 불이 없던 옛날에 차돌 사이에 넣어서 불을 일으키던 때도 있었다.

다.

여름철 입맛이 없을 때에 혹은 설사가 날 때 쑥을 찧어서 쑥물 한 사발을 밤중에 창밖에 두어 새벽 찬 이슬을 맞인 후에 마시고 누워 있으면 입맛이 좋아지고 설사도 멎게 하는 약이다. 이렇게 쑥은 어느 곳에서나 잘 자라며 옛부터 민간에서 식용 또는 약용으로 많이 쓰여왔다. 쑥은 비장과 간장, 위장과 관계있는 병에 많이 쓰인다.

성질로서는 피를 맑게 하고 여자에게 냉이 흐를 때, 임신 출혈이 있을 때에, 유산을 자주하는 경우에도 쓰이고 감기, 기관지염, 만성간염, 요통 등에 많이 쓰이는데 1회에 2~5g 달여서 마시고 어린잎은 국을 끓여 먹고 떡을 해 먹기도 한다.

요즈음은 모내기 등 논에 일을 할 때 물신이나 장화가 있어서 발에 물을 넣지도 않고 일을 하지만 10여년 전만 하여도 맨발로 다닐 때가 많았는데 본인도 맨발로 모를 심고 논을 매고 하다가 발뒤꿈치가 썩어들어가서 한번은 약쑥으로 뜸질을 하여서 마구 태웠더니 감쪽같이 없어지기에 약쑥의 신비함을 알았고 또 백선풍이라는 병이 있는 사람이 약쑥으로 뜸질하고 없어진 것을 보았다.

양약으로 고치지 못하는 것을 민간요법으로 고치는 예가 수없이 많은 것인 만큼 우리가 먹어서 해가 되지 않은 것은 사용하여 봄도 좋을 것이다. 그런데 우리가 가볍게 생각하는 것이 신비스럽게 잘 낮게 되는 예도 많은데 그중에서 쑥도 한가지로 여겨도 좋을 것이다.

그 한 예로 우리가 넘어져서 코에 피가 날 때에 마른 쑥을 비벼서 코를 막다가 얼마후에 피가 멎는 것을 볼 수 있다.

90
산수유

 이른 봄 다른 꽃이 피기 전에 노오랗게 피어있는 산수유꽃을 볼 수 있다.

 감나무와 오동나무 배롱나무 등과 같이 옛날부터 집안에 많이 심어온 나무이다.

 아지랑이 아른거리는 가운데, 고색이 찬연한 오래된 고가의 담 모퉁이에 노오란 산수유꽃이 꽃망울을 터뜨리는 이른 봄. 새소리에 물소리가 더욱 아름답게 들리는 고요한 농촌의 정취가 물씬 풍겨오는 계절이다.

 진달래는 산에 피어야 적격이고 개나리는 냇가의 초가집 울타리가 되어야 하고 산수유는 고색이 찬연한 고가에 심어져야 하는 것이다.

 층층이 나무과에 딸린 잎이 떨어지는 넓은 잎 큰키나무로서 가지와 잎이 마주나고 잎은 긴 알꼴로서 끝이 뾰족하며 잎의 앞 뒷면에 잔털이 있지만, 앞면은 녹색이고 뒷면은 앞면보다 연한 색이다. 꽃은 3월 다른 꽃이 많이 피지 않는 이른 봄에 노오란 꽃이 산행꽃 차례로 잎보다 먼저 피며 열매는 가을에 타원형의 작고 붉은 열매가 나무 전체에 가득 달린다. 꽃은 가지 끝에 수십 개씩 둥글게 뭉쳐서 피는데 한 개 한 개의 꽃은 보잘것없지만 수많은 꽃이 뭉쳐서 핌으로써 꽃이 아름답게 보이고 끈기와 협동의 표본이 되는 꽃이기도 하다.

한방에서는 말린 열매나 씨를 산수유라 하여 약재로 쓰는데, 자양, 강장, 보신, 도한, 도통 등에 쓰이고 약재로 쓸 때는 1회에 2~4g 달여서 복용하고 산수유주를 담아서 복용하기도 하며, 산수유를 짓이겨서 거른 물에 꿀을 넣어서 죽을 끓여 먹기도 한다.

기후는 내한성이 강하여 중부지방까지 재배하고 있지만, 남부지방에 심는 것이 좋고. 산수유나무는 양수로서 양지바른 곳에 심어야 좋다. 이른 봄에 꽃이 피기 때문에 수분작용이 강하여 서북풍이 막힌 경사분지로서 부식질이 많은 모래, 찰흙 또는 자갈 섞인 찰흙이 좋다.

아직까지 품종분화는 되어있지 않고 오직 산에 있는 산수유나무인 재래종이 있는데 이것은 분명히 우리나라 기후와 풍토에 적절한 것이다.

번식은 주로 종자로 하지만 삽목과 접목도 하며 발근과 활착율이 아주 낮기 때문에 육모 이식재배를 많이 한다. 수확은 나무를 심은 지 7~8년 만에 개화결실이 되는데, 늦가을에 빨갛게 익으면 한다.

91
제비꽃

 봄날 들판에 나가 보면 언덕 밑에 제비같이 날렵하게 보랏빛 꽃을 피우는 제비꽃을 볼 수 있다. 들꽃이지만 집안에 심어도 매우 보기 좋은 꽃 중의 하나이다.

 제비꽃과에 딸린 여러해살이 풀로서 줄기가 없고 바소꼴의 잎의 자루가 길고 뿌리에서 모여서 나고 봄에 잎 사이에서 가느다랗고 길게 꽃의 줄기가 여러 개 나와 꽃을 양쪽에 한 송이씩 달린다. 그리고 열매는 익으면 튄다.

 제비꽃 하면은 보라색으로만 알지만, 흰색과 연한 보라색도 있는데 제비꽃은 종류가 삼백여 종이나 된다고 한다.

 꽃술은 다섯 개가 있고, 밑쪽에 있는 한 장은 가늘고 부풀은 주머니처럼 되어있는데 이 속에는 꿀을 모아 곤충을 부르는 셈이 되고, 이른 봄에 곤충이 적어 완전하게 수분이 불가능하게 되므로 자구책에 의해 스스로 수분의 방법을 취하는 꽃이기도 하다.

 제비꽃의 학명은 바이올라(Viola)이며 영명은 바이올렛(Violet)이다. 이런 이름들은 꽃이 지니고 있는 보라색의 독특한 빛깔에서 비롯된 것으로 볼 수 있다.

제비꽃은 감자 어뭇, 어혈신영, 순둥등에 효험이 있는 뿌리와

전체를 사용하며 봄에 채취해서 사용하는데 한 번에 5~10g 달여서 복용하면 된다.

그리고 뱀에게 물렸을 때와 종기 등에는 생것을 짓찧어서 붙이면 좋다.

제비꽃은 꽃말이 성실, 겸양이고 또한 제비꽃에 대한 전설은 수없이 많지만, 그중에서 몇 가지를 소개하고자 한다.

이오는 양치기인 아름답게 생긴 청년 아티스의 약혼자였는데, 그들은 서로 사랑하는 사이였다.

태양신인 아폴로가 이오의 미모에 반해 그녀를 못 견디게 사랑하게 되었는데 그녀를 자기 소유로 만들려고 굳게 마음먹게 되었다. 이렇게 되자 난처해진 이오를 숲의 여신이 제비꽃으로 바꾸어 숨게 해 버리고 말았다.

사랑과 미의 여신인 비너스가 어느 날 아들 큐피드에게 물었다.

"예야 이 제비꽃하고 나하고 어느 쪽이 더 향기롭다고 생각하니?"

큐피드는 모친을 놀려 주려고 생각하고 "그야 물론 제비꽃이 더 향기롭지요"라고 말했다. 비너스가 이 말을 듣고 화가 치밀어 제비꽃을 마구 두들겨 팼는데 본래 흰 꽃이었던 꽃이 너무 많이 맞아 온몸이 멍이 시퍼렇게 들어서 보랏빛으로 변했다고 한다.

그래서 제비꽃은 흰 꽃도 있고 파란색도 있는 것이다.

경주지방에서는 앉은 박산이라고 하는데 이것은 몸에 부종이 나서 퉁퉁부어 있을때 제비꽃을 짓지어서 붙이면 부종이 푹 갈아 앉는다고 해서 붙여진 이름이라 한다.

92
민들레(포공영)

봄이면 길가나 논뚝에 하얀 꽃, 노란 꽃이 살며시 웃음 지으며 피어나는 민들레를 많이 볼 수 있다.

국화과에 딸린 여러해살이 풀인데 학명은 Taraxacum platycarpum Dahist 성분은 Lutein Taraxeol, Taraxol, 14-Taraxasterol인데 전국 산과 들에서 많이 볼 수 있다.

잎은 거꿀 바소꼴인데 깊이 째져있고 톱니가 나 있다. 잎 사이에 꽃줄기가 나와서 그 끝에 노란색 흰색의 꽃이 피어있는데 씨는 수과로 흰 관포가 있어 바람에 날리어 멀리멀리 흩어져 날아 가기도 한다. 잎은 나물로 해서 먹기도 하고, 줄기와 뿌리는 약으로 쓰는데 포공영이라고도 하고 포공초라고도 하고 산과 들 양지에서 잘 자란다.

민들레는 식용, 약용, 밀원용으로도 사용하는데 종류도 여러 종 있어 대체로 보면은 흰민들레, 노랑민들레, 민민들레, 큰민들레, 한라민들레, 북녘민들레, 텀라민들레, 서양민들레 등이 있다.

뿌리는 긴 방추형이고, 근두부는 긴 타원형이다. 잎의 바깥면은 황록색 또는 회록색인데 뿌리는 엷은 갈색 또는 흑갈색이다.

그리고 민들레는 냄새가 거의 없고 맛은 쓰다. 라면을 끓일때 민들레를 한줌 넣고 끓이면 라면의 짜고 매운맛과 기름끼가 없어서 맛이 좋다. 토끼가 좋다는 민들레는 간에 좋다는 것이다.

약효과로는 해열, 기관지염, 늑막염, 담낭염, 소화불량, 변비, 강장, 대하증, 우방염 등에 사용하는데 1회에 5~10g씩 달여서 마시기도 한다. 그리고 어린순은 나물로 해서 먹기도 한다.

길가에 흔한 민들레는 나물, 약뿐만 아니라 화초로도 한몫한다고 볼 수 있다. 노란색, 하얀색의 그 송이송이의 아름다움뿐만 아니라 민들레 씨가 부풀어 올라 한 줄기 바람에 멀리멀리 퍼져 먼 곳으로 씨를 터뜨릴 것이다.

산과 들에 피어나는 꽃들의 아름다움에 어느 누구든지 흔하디흔한 우리 꽃에 대한 아름다움을 모른 채 외국의 꽃만 좋아하는 것은 어딘가 잘못됨이 많은 것을 느낄 수 있을 것이다.

지천에 천대 받고 팔력있는 식물이 명약 215

93
장미

장미는 붉은 꽃이 아름다울 뿐만 아니라 정열의 꽃이라 여기면서 많은 사람들에게 사랑을 받고 있는 꽃으로 여기고 있다. 장미의 학명은 Rosa centifolia L이고 성분은 Pectin Rosenol, Arabinoes, Hogebutten인데 장미과에 딸린 갈잎 좀나무인데, 꽃나무의 한가지로서 가지가 무성하게 자라고 가시가 많이 있는데 잎은 깃꼴겹잎으로 어긋맞게 나 있는데 초여름에 꽃이 피지만 요즈음은 개량종이 많아 사계절 볼 수 있다. 그리고 빛깔도 여러 가지이다.

장미의 원산지는 중국, 코카서스, 유럽 등이다. 추위에 강하다.

꽃말은 연애, 애정 아름다움, 사랑의 사자 등이고, 만발한 것은 약혼, 반가량 핀 것은 겁이 많은 사랑. 봉오리는 사랑의 고백, 처녀의 마음이라 하고, 만발할 한 송이와 봉오리 한 송이는 비밀, 흰색과 빨간색의 두 송이는 따뜻한 사랑이라 하고 황색 장미는 엷어가는 사랑, 개사랑 또는 질투, 흰색은 사랑의 고백, 결백, 일치, 핑크색은 사랑의 맹세, 아름다운 얼굴빛, 붉은색은 열렬한 사랑, 들장미와 흰색은 주의가 필요, 희망, 붉은색은 당신의 사랑이 그립다. 한 겹의 꽃은 단순한 사랑 가시가 없는 들장미는 첫사랑 등 여러 가지의 꽃말을 가진 장미는 아름다운 정열의 꽃만치나 꽃말도 많은 것이다.

장미는 꽃말도 많거니와 전설도 많은데 그중에 한 가지를 소개하면 다음과 같다.

비너스가 사랑에 빠진 것은 아들 큐피드가 쏜 화살이 잘못되어 비너스의 가슴에 맞았기 때문이다. 화살을 맞았을 때 비너스는 마침 미소년인 아도니스가 숲에서 사냥을 하고 있는 용감한 모습을 보고 그와 열애하게 된 것이라고 한다.

아도니스가 산돼지 사냥을 나갔다가 산돼지의 이빨에 옆구리가 찔려 죽었을 때 비너스는 아도니스를 살리려고 하다가 장미의 가시에 발을 찔렀는데 그때 그녀의 발에서 나온 피가 흰장미에 묻어 붉은 장미가 생겨났다는 이야기이고, 아도니스가 죽었을 때 그 피와 비너스의 눈물이 섞여서 아네모네가 아닌 진홍빛 장미가 되었다고 하는가 하면, 비너스가 아도니스를 따라가다 장미 가시를 밟아 창피해서 얼굴이 붉어져서 흰장미가 핑크색이 되었다 한다. 이 외에도 여러 가지 전설이 전한다.

94
복분자

 산과 들에 나가 보면 자시가 잔잔하게 온 나무에 붙어 있는 가운데 새 파란 잎사귀에 빨간 복분자 딸기가 달려있는데 그것을 한 움큼씩 따서 먹어 보면 달콤한 맛에 뻐꾸기가 울어 주는 깊은 산골짜기의 딸기 만큼 예쁜 처녀를 생각할 것이다.

 복분자 딸기를 경주 지방에서는 뿌굼딸이라고 하는데 이것은 다름 아닌 뻐꾸기의 사투리가 뿌꿈새인 만큼 부르는 것으로 알면 된다. 복 분자는 장미과에 딸린 갈잎 좀나무인데 줄기는 높이가 1~2m 정도 되 는데 굽은 가시와 속은 가시가 있고 잎은 길둥근것도 있고 알꼴도 있 는데 톱니가 있는데 안팎에 솜털이 갈려 있다. 열매는 붉은 알이 여러 개 모여 뭉친 것이 복분자인 것이다. 우리나라 중부 이남 산과 들에 많 이 자라고 적지는 산과 들의 양지바른 산림 속에 많이 자란다. 복분자 의 학명은 Rubus coreanus Mig이고 성분은 lsoeitric acid Astragalin lsoguer citrin citronene이다. 잎은 복엽인 반면에 꽃은 자백색인데 열매 는 처음에는 푸른빛이나 익어가면서 붉은색으로 변한 것을 따먹으면 달콤한 맛이며 이 딸기가 강장제로 이용되기도 한다. 제품으로 사용 할 시에는 말려서 사용하기도 하고 복분자 딸기는 식용뿐만 아니라 밀원, 약용으로 쓰이는 만큼 산의 양지바른 곳에 심어 두면 농가소득 증대에도 이바지할 것으로 믿는다. 그런데 복분자 딸기는 너무 오랜 나무에는 달리지 않고 2~3년생에 가장 많이 달리는 것을 볼 수 있다.

95
엉겅퀴(대계근)

 녹음이 짙어지고 뻐꾸기가 울면은 농민들은 바쁘기만 한데 산과 들에 나가보면 이름 없는 풀꽃들이 수없이 많다. 그중에서는 우리에게 이로운 것과 해로운 것 등 가지각색의 풀들이 서로가 의지하며 뻗어 나가면서 씨를 뿌리는 풀들도 많다. 자연환경에 따라 새로운 식물이 등장하기도 하고 고유한 식물이 사라지는 예도 수없이 많이 볼 수 있다. 그중에서도 엉겅퀴는 영국 북부의 스코틀랜드의 국화이기도 한 이 풀은 잎에 가시가 돋쳐 있어서 접근하기조차 두려운 풀이다. 한때 덴마크의 해적단으로 불리우는 바이킹들이 유럽 일대를 휩쓸면서 마음대로 약탈을 할 때 한밤중에 스코틀랜드에 침입하였지만, 엉겅퀴가 많이 있는 풀밭에 멋모르고 들어가 날카로운 가시에 찔려 비명을 지르는 순간 외적이 침입했다는 사실을 알아차리고 멀리 피난을 가 큰 화를 면했다는 일도 있었다고 한다. 그 후 스코틀랜드 사람들은 엉겅퀴를 국화로 삼았다고도 한다.
 보잘것없고 가시 돋친 풀이 은혜를 베풀어 준다면 그만큼 아름답고, 고마운 것이 어디 있겠는가.
 잎은 빳빳하며 가시가 많고, 잎은 많이 째져있으며 어긋맞게 나 있다.

5월 말부터 8월 사이에 머리 모양의 꽃이 자주색으로 줄기 끝에 한 송이씩 피고 여문 열매는 솜털에 싸여 흩날려 멀리 번져간다.

줄기와 잎 그리고 뿌리는 나물로도 해 먹지만 약으로도 쓴다.

뿌리는 여러 갈래로 뻗어가지만 부드럽고, 귀계 야홍화라고 부르기도 한다. 그리고 꽃받침에는 끈적끈적한 점액이 있는 것이 특징이다.

해열, 신경통, 종기 건위에 좋은데 신경통, 견위에는 말린 뿌리를 1회에 2~4g 달여서 복용하면 좋고 종기에는 생뿌리를 걷찢어서 붙이면 되고, 어린잎은 나물로 먹기도 한다.

학명은 Cirsium maackii Max, 성분은 Pectolinarin Acacetin Rhammoglucoside이다.

종류에는 부전엉겅퀴, 산엉겅퀴, 흰꽃엉겅퀴, 가시엉겅퀴, 구슬엉겅퀴, 버들엉겅퀴, 가는엉겅퀴, 섬엉겅퀴, 큰엉겅퀴, 바늘엉겅퀴, 도깨비엉겅퀴, 들엉겅퀴, 환엉겅퀴, 검봉산엉겅퀴, 솜엉겅퀴 등이 있다.

96
메꽃(선화)

한여름 들에 나가보면 논뚝, 밭뚝에 나팔꽃 비슷한 꽃이 연분홍색으로 피지만 잎은 다르게 덩굴지면서 풀과 나무를 휘감아 올라가는 것을 볼 수 있다.

나팔꽃은 아침 일찍 피었다가 한낮에 시드는 데 반해 메꽃은 낮이면 핀다.

햇볕이 잘 드는 길가, 언덕, 황무지 등에서 잘 자라며 덩굴이 지면서 길게 뻗어 나가는데 다른 식물을 휘감아 자라면서 잎은 화살 모양으로 어긋나 있다.

뿌리는 가늘게 기다랗게 땅밑에 뻗어 나가는데, 약으로 쓰고자 할 때는 7~8월경에 풀 전체를 베어 그늘에 말리면 된다.

한학명으로는 선화(旋花)라고 한다.

학명은 Calystegia japonica Choisy이고 성분은 3-Rhaommoglucoside Kampferol Phamnos이다.

맛은 달고, 뿌리는 맛이 시다.

불감증, 음위, 당뇨병일 때는 15g정도 달여먹는다.

꽃은 나팔꽃과 비슷하지만, 잎을 보면은 나팔꽃과는 염통꼴로 뚱뚱하게 보이지만 메꽃은 화살꼴로 가늘다.

나팔꽃은 한해살이지만 메꽃은 여러해살이이다.

메꽃은 땅이 척박한 곳에서도 잘 자라는 것이다. 그만큼 번식력이 강한 식물인 것이다.

잎은 보지 않는다면은 모든 사람들이 나팔꽃으로 잘못 알기 쉽다. 메꽃에는 종류가 많은데 대충 보면은 큰메꽃, 선메꽃, 애기메꽃, 가는잎메꽃, 음양곽메꽃, 갯메꽃, 아욱메꽃 등이다.

메꽃은 녹뚝, 밭뚝에 있을 때는 괜찮은데 밭에 있으면은 잡초중에 잡초이지만 약으로 쓰고자 할 때는 좋은 약이 되는 것이다.

그런데 우리가 갑자기 약이 되는 식물을 구하고자 할 때 어려움이 있지만, 평소에 많이 채취를 해 둔다면은 좋은 약이 되는 예가 많다.

부종이 났을 때 고름을 빼낼 때 아무리 양약을 써도 안 될 때 느릅나무 뿌리를 지찧어 부치면은 며칠 내로 낫듯이 평소에 약이 되는 것을 생각해 봄도 좋을 것인데, 메꽃도 그와 마찬가지인 것이다. 잡초지만 약이 될 때는 그보다 소중한 것이 없다는 것을 알기 바란다.

지천에 천대 받고 팔려없는 식물이 명약 223

97
질경이(차전자)

수레바퀴 아래의 속에서도 자란다는데서 차전초(車前草) 또는 차전자(車前子)라고 부른다

이 풀은 사람이 많이 다니는 글과 길가에서 많이 자라는 질경이과에 딸린 여러해살이 풀이다.

길둥근 잎은 잎자루가 길고 밑부분에서 모여난다.

햇볕이 잘 쪼이는 들이나 길가에 잘 자라는 것이다.

땅 위에 닿을 정도로 잎이 퍼지면서 자라는데 4월부터 8월에 걸쳐 줄기가 쭉 뻗어 나오는데, 끝에 깔때기꼴의 작은 흰 꽃이 많이 피어서 열매를 맺어 익으면 씨앗이 저절로 흩어진다.

작은 타원형의 열매를 보면 다른 것에 조금이라도 닿게 되면 위에서부터 튕겨나와 멀리 날아가서 번식한다.

여름에 큰 포기를 뽑아 채취하고 씨앗은 가을에 열매에서 훑으면 된다.

채취한 것은 뿌리를 잘라버리고 그늘에 말리면 되고 씨앗은 햇볕에 말리어서 약재로 쓰면 된다.

잎과 씨앗은 모두 약재로 쓰는데 만성간염, 동맥경화증, 완화제, 이뇨

제로 쓴다. 그리고 감기, 기침, 기관지염에도 쓰는데 말린 잎은 1회에 4~8g을 달여서 먹거나 가루를 만들어 복용하기도 한다.

그리고 어린잎은 나물로 무쳐 먹기도 하고, 가축의 먹이 특히 토끼의 먹이로 많이 이용하기도 하였다.

학명은 Plantago major. 성분은 Plonteosr, Stachyose Plantenolic acid Adenin, Plantaginin Aueubin, Pholin Ribuse staehyose이다.

질경이라면은 무엇보다도 사람이 많이 다니는 시골의 길가에 많이 자라는 만큼 질긴 풀중의 풀이라는데서 질경이라 한 것인데, 수레바퀴 밑에서도 잘 자란다는데서 한약명으로 차전자라고 부르기도 하는데서 모든 식물은 저마다의 독특한 이름을 가진 것을 알 수 있다.

지금은 농촌 어디를 가나 풀이 많아 가축에게 풀을 얼마든지 줄 수 있지만, 일손 부족의 이유로 사료에 의존하고 있는 것을 볼 수 있는데 본인이 어릴 때만 하여도 여름이면 산에 소먹이는 일이 많이 성행하였을 뿐 아니라 토끼에게는 씀바귀, 고들빼기, 토끼풀, 아카시아잎, 칡잎 등을 많이 주었지만 질경이를 캐어다가 많이 주기도 하였다.

98
해바라기

한여름의 뜨거운 햇살을 받아 방긋 웃음 지으며 집 앞과 마을 어귀에서 쭉쭉 뻗은 줄기에 싱싱하게 생기있는 잎과 커다란 꽃송이가 햇님과 같이 시계와 같이 강렬하고도 정열감 있게 보이는 꽃이다.

해바라기는 가느다란 줄기에 해와 같이 커다란 꽃을 피우는 만큼 언제나 해를 닮았다고도 볼 수 있고 꽃이 피기 전에는 해를 따라 돌지만, 꽃이 피면서 커다란 꽃송이의 육중한 무게 때문에 따라 돌지 못하는 아쉬움이 있나 보다.

해바라기의 원산지는 멕시코이며 페루의 국화이며 미국 캔자스주의 주화이며 고흐가 좋아하며 그림으로 많이 그려 지금도 그의 무덤에는 많이 심어져 있다고 한다.

엉거싯과에 딸린 한해살이풀로서 학명은 Helianthus, annuusl, 이고 성분은 Tarayanthin Oleic acid, Linolic acid, Dehydrofakarinone Tocophrol이다.

해바라기는 피기 전에는 해를 따라 돌지만 피어있을 때는 햇님을 닮을 뿐 아니라 시계와 같이 보이기도 한다. 씨앗에는 단백질과 지방이 풍부하여 볶아서 먹거나 으깨어서 가루를 만들어 먹을 수도 있고, 기

름을 짜서 사용하기도 한다.

해바라기의 기름으로 마가린, 비누, 페인트, 와니스 등을 만들기도 한다.

그리고, 가래를 삭이는 거담제나 오줌을 잘 나오게 하는 이뇨제로도 쓰인다.

기름을 짜낸 찌꺼기는 절반가량이 단백질이라 가축의 먹이로도 쓰면 좋을 것이다.

아메리카 인디언들 사이에는 해바라기 뿌리를 파낼 때나 요리 할 때 남자들이 다가가서는 안 된다는 계율이 있었다고 하며, 페루의 잉카족들은 태양의 신전에서 일하는 처녀들께 순금으로 된 해바라기 모양의 모자를 쓰도록 했다고 전한다.

해바라기에는 다음과 같은 이야기가 있다.

태양의 신인 아폴로를 두 여인이 사랑했는데 하나는 님프이고 하나는 페르시아의 공주 그런데 님프는 아폴로를 독차지하려면 공주를 어떻게든지 물리쳐야 한다고 생각한 것이다.

그런데, 그녀는 공주를 물리치기 위하여 여러 가지 궁리를 짜내다가 좋은 생각이라고 한 것이 페르시아 왕에게 가서 공주가 외간남자를 사랑하다 못해 미쳐버렸다고 거짓말로 일러바친 것이었다. 화가 난 페르시아의 왕은 공주를 끌어내어 다시는 아폴로 따위를 사랑하는 일이 없도록 하였는데, 공주는 아버지의 말을 듣지 않고, 아폴로를 단념할 수 없다고 울면서 호소한 것이다.

왕은 개심을 안 하는 벌로 공주에게 산채로 매장당하는 형벌을 내린 것인데 너무나 지나친 형벌이라 동정한 옥리는 공주를 땅속에 파묻을 때에 목만을 내주었다. 그런데 가엾은 공주는 매일 태양이 떠올랐다가 가라앉을 때까지 땅속에 파묻힌 채 한시도 눈을 돌리지도 않으면서 아폴로의 모습만 바라본 것이라고 한다.

그런데, 그 젊디젊은 생명을 모두 아폴로에게 바치고 공주가 죽었는데 그녀가 죽은 뒤에 생겨난 꽃이 태양의 모양을 닮은 해바라기라고 한다.

228 지천에 천대 받고 팔려있는 식물이 명약

또 한가지는 물의 님프인 크라이티는 태양의 신인 아폴로를 사모하고 있었는데, 아폴로는 그녀를 거들떠보지도 않았다. 그런데 그녀는 어떻게 하든지 자기의 애타는 심정을 호소하려고 온갖 방법을 다 했으나 많은 미녀들 사이에 살고 있는 아폴로에게는 님프따위는 안중에도 없었다. 그래서 절망한 크라이티는 머리를 풀어헤치고 하루 종일 추운 땅에 앉아 울었는데, 아흐레 동안 식사도 안 하고 물도 먹지 않고 꼬박 앉아서 자기의 눈물과 밤이슬만 마시고 있었다고 한다.

그녀는 아폴로인 태양이 동쪽 하늘에 모습을 보이다가 서쪽으로 기울어질 때까지 눈물을 눈 가득히 고인 채로 줄곧 쳐다보고 있었는데, 다른 것은 보지 않고 오직 아폴로만 바라보고 있었다. 그런데 아흐레가 지나자 어느새 그녀의 발은 땅에 붙어버리고 얼굴은 하나의 꽃이 되었는데, 이것이 바로 해바라기인데, 그래서 그런지 지금도 해바라기는 언제나 해를 따라 돌고 바라보고 있는 것이다.

99
멀꿀

늦여름이나 초가을에 산과 들에서 볼 수 있는 여름 토종과일인 으름 덩굴과 비슷하지만 조금은 다른 상록수의 일종이다.

그러나 멀꿀은 잎이 뾰족하고 진한 녹색이다.

약재로 쓸 때는 줄기는 햇볕에 말리고 잎은 그늘에 말리며 생것으로 먹어도 좋고 햇볕에 말리어 약재로 쓰는 것이 좋다.

신장병에는 잎과 줄기 15g정도 달여 먹으면 상당량의 소변이 나오고 열흘후면 수종이 다 빠진다.

신장의 부종에는 열매를 하루 두 개씩 달여 먹으면 좋다.

강심제로서 심장이 약한 사람에게 달여 먹어도 좋다.

100
수세미

수세미는 오이와 비슷하지만 오이보다 굵고 길다. 오이는 조그마한 혹이 많이 있지만 수세미는 매끈하게 생겼다.

수세미는 열대아시아 인도가 원산지인데 박과식물로 수세미 오이속이다.

담장, 울타리 등에 올리는 1년생 초이다.

줄기 단면은 오각형인데 덩굴손은 잎과 대생, 잎은 호생, 잎자루는 길고 얇게 갈라진 손바닥 모양인데 끝이 뾰족하면서 까칠까칠하다. 양면에는 털이 없고 가장자리에는 톱니가 있다.

꽃은 암 수 한그루인데 단성화이고 노란색, 수꽃은 잎겨드랑이에 총상화서로 달린다.

어린 열매는 식용, 성숙한 것은 수세미 슬리퍼 모자의 심 등에 쓰이며, 수액은 화장수, 약용으로 쓴다.

맛은 달짝지근하다.

감기에는 수세미 액을 데워서 마시고, 술에 취했을 때 수세미 액을 1잔씩 마시기도 한다.

월경 시 출혈이 멎지 않을 때 익은 수세미를 종려껍질에 싸서는 검게 태워 술 또는 소금물을 타서 마시면 좋다.

발이 냉할 때 수세미 액을 바른다.

 몸에 고름이 나고 살이 패일 때 수세미 종자를 검게 태워서 물에 반죽
하여 붙인다.

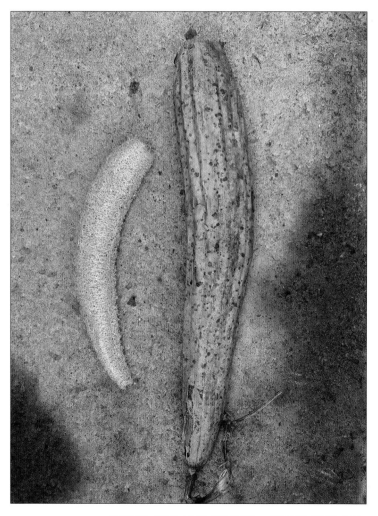

101
깨무릇(반하)

잎은 제비꽃 비슷하지만 뿌리는 구슬같이 둥글면서 단단하다. 다시 말하면 잎은 제비꽃 비슷하고 뿌리는 달래와 같다고 보면 된다.
기름지고 약간 습한 땅에서 잘 자라는 다년성 풀이다.
천남성과인데 뿌리를 약용으로 쓴다.

특징이라면 뿌리에서 초여름 줄기에서 생겨나와 잎이 나고 그 잎의 모양이 피침형인데 꽃은 이삭모양으로 익는다.

채종은 뿌리에서 떼어 와서 심으면 된다. 번식력이 강하여 어떠한 토질에서도 잘 자랄 뿐 아니라 다시 심은 땅에는 파종하지 않아도 캐낸 뿌리에서 잔뿌리만 남아도 거기서 싹이 나옴으로 재배하기도 쉽다.

약으로 쓰는 부위는 가을에 굵은 뿌리를 캐서 고운 모래와 혼합하여 겉껍질을 벗기고 물로 깨끗이 잘 씻어서 하루 동안 물에 담구어 쓴맛을 뺀 후에 햇볕에 말려서 제품화 하면 된다.

지혈, 지통, 구토, 거담, 천식, 진정 약으로 사용한다. 뿌리는 특히 까치 등의 새들이 잘 파먹기도 한다.

102
이질풀(방우초)

초가을 길섶에 빨갛게 곱게 이슬 머금은 듯이 피어 있는 꽃을 볼 수 있다. 경주지방에서는 귀손풀 이라고 부르는데 한약명으로는 방우초 라고 한다.

전국 어디서나 잘 자라는 단년생 풀인데 이질풀과에 속한다.

배수가 잘되는 따뜻한 곳으로 사질 양토에서는 잘 자란다.

줄기는 땅에 기거나 바로 올라간다. 잎은 어릴 때는 붉은 빛이 감도는데 자주색의 반점이 있어 아름답게 보인다. 꽃은 잎 옆 또는 줄기의 끝 쪽에 흰빛, 홍자색 또는 담홍색의 꽃이 피고 열매는 성숙하게 되면 위쪽에서 다섯 쪽으로 벌어져 분열됨에 따라서 흑색 입 씨앗들은 사방으로 흩어지기도 한다.

씨앗은 가을에 충실히 발육한 포기를 골라서 채집하여야 한다.

번식은 씨앗에 의한 직파법과 모종에 의한 이식법이 있다.

8월경에 꽃이 필 때쯤 날씨가 맑은 날 잎과 줄기를 채취하기도 한다.

채취한 잎과 줄기는 햇볕에 충분이 말리어 제품으로 활용하지만 비를 맞히지 말아야 한다.

약용부위는 줄기와 잎인데 그 효용은 급성 만성설사 등에 쓰인다.

이질풀은 꽃이 고운데도 흔히 잡초로 여기지만 잘 활용하면 좋은 약재가 된다.

103
백하수오(새박 은조롱)

 우리가 어릴 때 울타리나 탱자나무에 달린 어린열매를 따먹었는데 그때는 새수박 하면서 따먹은 기억이 있다.

 산과 들에 절로 나는 여러해살이 덩굴풀이다. 여뀌과에 속하는데 약 재로는 뿌리를 쓴다.

 전국 어디든지 잘 자라는 풀이다.

 잎은 하트형 이고 맑고 깨끗하게 흰 꽃이 원추형으로 작게 피고 뿌리 줄기가 땅속으로 뻗고 그 끝에 감자와 같이 생긴 알뿌리가 달린다.

 번식 할 때는 야생지로부터 잘라서 심으면 된다.

 3~4월경에 분주해서 파종하면 된다.

 약으로 쓰는 것은 늦가을에 잎과 줄기가 누런빛으로 변할 때 뿌리를 캐내어서 물에 깨끗하게 씻어서 삶아 가지고 햇볕에 바싹 말려야 한 다.

 자양강장제로 쓰인다. 몸에 영양을 붙게 하여 뼈대가 왕성하고 혈기 가 왕성하게도 한다.

104
세신(민쪽두리풀)

산간 음지에 저절로 자라는 여러해살이 풀이다. 세신과 식물인데 뿌리를 약으로 쓴다.

산간 음지나 어두운 곳이 적지이다.

잎은 두 잎인데 심장모양인데 꽃은 잎이 나오기 전에 자흑색의 종모양의 꽃이 핀다.

뿌리는 특이한 향기와 쓴맛이 있다.

야생 것을 옮겨 심으면 되는데 3월이나 10월경에 야생의 뿌리를 옮겨 심거나 6월경 줄기를 두 마디씩 잘라서 흙에 묻어 두었다가 옮겨 심는다.

늦은 여름이나 가을에 뿌리를 채취하여 물에 씻어 그늘에 말린다.

꽃은 밝은 자주색인데 꽃받침 통은 컵 모양이고 반구형이다.

표면에는 털이 거의 없고 표면 막과 뒷면에 털이 많다. 잎자루는 길고 잎은 심장형인데 근경은 마디가 많고 수염뿌리가 있다.

약용으로 사용하는데 인후염, 관절염, 치통에 사용한다.

105
시호(밋미나리)

 산야에 자생하는 여러해살이 풀이다. 미나리과 식물로 뿌리는 약재로 쓴다.
 기후가 온난하고 배수가 잘되는 부식 양토가 가장 적지이다.
 70년대에는 많이 재배하기도 하였다.
 줄기는 곧고 키는 1m에 달하고 잎은 호생하고 가늘며 길다.
 끝은 뾰족하다. 가을에 보면 줄기 끝에서 갈라진 가지에 작은 황색 꽃이 피고 열매는 타원형이고, 뿌리는 약간 비대하며 황백이다.
 가을에 성숙한 열매에서 씨앗을 받는다.
 봄에 씨앗을 뿌린다.
 10월경에 뿌리가 다치지 않게 캐어다가 물에 씻어서 햇볕에 말리어서 사용한다.
 모든 한약재가 그러하듯이 그늘에 말릴 것이 있고 햇볕에 말릴 것이 따로 있다.
 진통, 해열, 강장제, 항마라리아 약으로 쓴다.

106
찔레나무(영실)

 어디든지 잘 자라는 생명력이 강한 가시가 돋친 잡목이다. 이 나무는 장미과 식물이다.

 이 나무의 열매는 영실이라 하며 한약재로 쓰고 줄기는 장광장이라 하여 노인들 지팡이로 쓰이는 나무이다.

 산과 들 냇가 언덕 어디든지 잘 자라는 나무로 아무 쓸모도 없다싶은 나무인데 5월말에서 6월초 피는 꽃향기는 매우 향기로우며 열매는 한약재이면서 산짐승, 새들의 먹이면서 줄기는 지팡이로 쓰이는 나무인 것이다.

 나무는 덩굴모양으로 자라지만 줄기에는 날카로운 가시가 있으며 잎은 복엽으로 4~7매 정도 이루어지고 꽃은 초여름에 흰 꽃이 피어 아름답게 진한 향기를 내품는다.

 열매는 익으면 진홍색으로 잎이 떨어져도 열매는 아름답다.

 씨앗은 완전히 익었을 때 가을에 채집한다.

5월초에서 6월초 사이에 삽목을 하면 된다.

가을에 열매를 따서 절구에 찧어서 겉껍질을 벗긴 것을 열분 이라고
한다.

한약재로는 완하제로 사용하기도 한다.

107
오미자

다섯 가지 맛이 있다하여 오미자라고 부르는데 산과 들에 자생하는 덩굴성 나무이다.

산과 들 숲속 어디서나 잘 자란다.

오미자는 다섯 가지 맛 즉 달고, 시고, 쓰고, 맵고, 짜다는 다섯 가지 맛을 갖추고 있다.

덩굴은 다른 나무나 지주에 매달려 붙어 뻗어나가는데 잎은 덩굴 줄기에 어긋나게 붙어 있고 꽃은 여름에 잎겨드랑이에서 맑은 황백색으로 작게 핀다.

열매는 가을에 포도 알처럼 작게 둥글게 무리를 지어 달린다.

야생 덩굴을 잘라 삽목으로 번식하면 된다.

씨앗보다 덩굴을 잘라서 봄에 삽목으로 번식하기도 한다.

과실이 완숙하여 짙은 흑색 또는 주 흑색으로 변해 흰 가루 같은 것이 붙어 있는 것을 따서 햇볕에 말린다.

거담, 강장, 수렴 약으로 쓰이지만 차로서 더욱 많이 사용한다.

108
은방울꽃(초롱담)

 산과 들에 절로 나는 여러해살이 풀이다. 용담과로서 산과 들 숲속 그 늘진 곳이 부식질의 양토이면 적지이다.

 키가 60cm정도 자라는데 초기에는 똑바로 자라가지만 점차 자라가 면서 비스듬히 뻗어간다.

 잎은 마주 붙어 있고 꽃은 9~10월 사이에 자주색 종모양의 꽃이 핀다. 뿌리는 부드러운 털 모양이다.

 씨앗은 잘 익은 것을 받는다. 봄에 씨앗을 뿌리든지 야생의 포기에서 잘라 심는다. 심는 시기는 10~11월이 최적기이다.

 뿌리는 11월에서 다음해 3월 사이에 캐어다가 물에 씻어서 햇볕에 잘 말리면 된다.

 한약재로는 건위제로 사용 하지만 집에 화초로 심어두면 꽃이 곱다.

109
초롱꽃

산과 들에 잘 자라는 여러해살이 풀이다. 백합과 식물이다.

한랭한 기후를 좋아하는 식물로 서북향의 반음지로 약간 습한 점토질이 최적지이다.

가늘고 긴 지하 종은 옆으로 뻗으며 가는 털뿌리가 나있다.

5~6월경에 20cm 정도의 줄기가 나와서 그 끝에 희고 아름다운 꽃을 피운다.

종자는 씨앗으로 하지 않고 산과 들에 난 것을 캐다가 심기도 한다.

5~10월 사이에 야생의 묘를 포기채로 캐다가 갈라서 심는다.

꽃이 핀 것을 뿌리 채 캐어다가 뿌리를 씻고 그늘에 말리면 된다.

포기 전체를 약으로 쓰지만 강심제로 사용하는데 어린잎은 나물로도 사용한다.

지천에 천대 받고 팔려있는 식물이 명약 251

110
삽주(창출, 백출)

산의 잡목사이에 자라는 여러해살이로 국화과 식물이다.

잎도 반들반들 하면서 톱니가 많지만 뿌리에는 특이한 향내가 난다.

낮은 산이나 평지 등 잡목 숲속이 적지이다.

줄기는 가늘고 곧으며 크기는 큰 것이 1m정도 이다.

아래 부분의 잎은 3~5매 정도 뻗어 졌거나 3~5조각의 날개 모양의 겹 엽을 이룬 것과 단엽을 이룬 두 가지가 있다. 잎은 타원형인데 가에는 톱니이다.

여름에서 가을에 걸쳐서 줄기 끝에 흰 꽃 또는 담홍색의 빈약한 꽃이 핀다.

뿌리는 길죽하게 생강처럼 울퉁불퉁하게 거칠게 잔뿌리가 많이 붙어 덩어리를 이룬다.

씨앗은 완전히 영근 송이에서 받는다.

씨앗은 받는 즉시 파종해야 한다.

가을부터 이듬해 봄까지 캐내면 된다.

캐낸 뿌리는 물에 씻고 잔뿌리를 떼어 내고 햇볕에 말린다.

겉껍질을 벗기지 않은 것을 창출이라 하고 겉껍질을 벗긴 것을 백출이라 한다.

창출은 방향성 건위제, 해열제, 반한제로 쓰고, 신장 기능 저하로 인한 이뇨제로 쓰인다.

백출은 지한제로 쓴다.

111
천남성

깊은 산의 음지에 저절로 자라는 여러해살이 풀인데 천남성과 이다. 깊은 산속 숲이 우거진 곳의 습한 땅에서 잘 자란다.

수컷과 암컷이 다른 포기로 되어 있는 풀로서 암포기는 원줄기의 끝에 통 모양으로 생긴데서 둥근 편인 육수인 이삭이 나오고 있다. 숫 포기는 2~3개의 구릿대를 갖고 있다.

5월경에 잎겨드랑이에서 자색 또는 녹색의 꽃이 핀다. 가을에는 원추형의 과실이 많이 달리어 익는다. 겉 표면은 회갈색이고 안에는 백색인데 맵고 덜 익은 것을 먹으면 독이 있으므로 먹지 말고 완숙한 것은 독이 없다.

씨앗은 잘 익은 과실에서 채집하면 된다.

씨앗은 채집하는 즉시 심거나 아니면 이른 봄에 심는다.

가을부터 겨울 사이에 뿌리를 캐어다가 물에 씻고 햇볕에 말린다.

안면신경마비증 종기 등에 쓰인다. 물집이 생겼을 때 생즙을 내어 바르면 신기하게 낫는다. 거담 진정, 진통제로 쓰인다.

112
아주까리(피마자)

　아주까리는 피마자로 더 알려져 있는데 기름이 많이 나와서 옛날에는 식용, 등잔기름, 머릿기름으로도 사용하였다.

　대극과의 1년생 초로서 원산지에서는 굉장히 굵고 큰 나무 같은 것도 있다고 한다.

　우리나라에서 땅이 기름진 곳에서는 3m 정도 되는 것도 있지만 보통 2m정도는 된다. 잎은 자루가 길고 손바닥 모양으로 길게 갈라져서 넓으며 가지에 어긋나게 나 있다.8-9월에 엷은 홍색의 꽃이 피는데 암꽃은 윗부분에 수꽃은 아래 부분에 피고 열매는 삭과로서 3개의 줄기가 방울방울 들어 있는데 겉껍질은 가시같이 울퉁불퉁하다.

　씨는 먹거리, 약용, 포마드, 민주의 재료 공업용 윤활유 등으로 쓰인다.

　우리나라 전역에 재배 되지만 특히 공한지 등에 심어 보면 매우 좋다. 피마자 잎은 가을에 따서 겨울에 쌈 싸먹으면 좋다. 경주지방에서 흔히 하는 말이 참깨 들깨 노는데 아들 깨는 못노나 하는 아들깨가 바로 아주까리라고 한다.

113
싸리나무

  싸리나무하면 윷가락과 빗자루, 바소쿠리, 소쿠리, 동구미, 통발 등 옛날에는 대나무와 함께 집도구 만드는데 많이 쓰여 왔다. 그런 것이 지금은 플라스틱 제품에 밀려 쓸모없는 나무가 되었지만 그래도 밀원 식물로서 벌을 키우는 사람들에게는 유익한 것이다.

  나무는 작지만 가지를 많이 치고 그냥 꺾으려면 잘 안 부러지지만 쪼개면 잘 쪼개지는 나무이다. 콩과의 낙엽 활엽수이다.

  잎은 서로 어긋나고 작은 타원형이고 가운데 입 맥이 분명하다.

  가지 끝과 가지 끝 부분에 붉은 색 꽃이 나비 모양으로 피고 이삭처럼 축 늘어진다.

  약재로 쓰는 것은 잎과 뿌리, 줄기인데 가을에 채취하면 된다.

  백일해, 기침, 이뇨제로 사용한다.

  싸리기름은 소버짐 등에 사용한다. 지금은 야산 기슭에서 잘 자라며 낫으로 베어주면 움 초리가 잘 올라오지만 깊은 산골 나무가 우거진 곳에는 저절로 잘 죽는다. 그래서 싸리는 자주 잘 배어 주어야 쓸모가 있다.

114
콩(생대두)

콩은 예부터 벼, 보리 등과 함께 오곡중의 하나이다. 그만큼 콩은 우리와 뗄 내야 뗄 수가 없는 것이다. 간장과 된장의 주원료인 메주 만드는 것과 두부 등 우리 식탁에는 콩은 뗄 수가 없다.

콩의 색깔은 흰콩, 푸른 콩, 검은 콩 붉은 콩 등 수없이 많은데 꽃 색깔도 흰색과 황자색이 있으나 모두 흰콩이다. 콩 농사를 수십년 지어 보았기 때문에 콩과는 매우 친근하다.

콩은 이뇨, 해열, 해독, 감기에도 좋다.

단백질 함량이 높아 필수 아미노산 조성에 있어 곡류에서 부족하기 쉬운 라이신 함량이 높아 쌀, 옥수수 등과 혼합하면 부족하기 쉬운 아미노산을 보완 할 수 있다.

황색 색소인 이노플라본은 뼈의 손실을 막아주는 에스트로겐을 활성화시켜 골다공증 예방과 치료에 효과가 있다. 당뇨병을 억제하기도 하고, 암을 예방하기도 하며, 동맥경화, 심장병 예방 치료 효과도 있으며, 칼슘, 인, 칼륨 등과 같은 무기질 함량이 높고 비타민B군과 천연 항산화제인 비타민E군을 많이 함유하고 있다.

콩은 우리 몸에도 이로울 뿐 아니라 없어서도 안 될 것이다. 그런데 옛날에는 콩, 보리, 밀은 천대꾸러기 이면서 손이 많이 가기 때문에 다른 대체작물이 없어서 재배해 왔으나 다른 대체작물에 비해 소득이 낮다는 이유로 옛보다 재배면적이 많이 줄어들 뿐아니라 들판에 보기도 어렵게 되었다,

콩이야말로 된장, 간장, 콩나물, 두부, 콩기름 등 어디 안 쓰이는 곳이 없는데 어찌된 일인지 옛 처럼 콩이 잘되지도 않을 뿐 병해충도 많은 것이다.

콩은 옛처럼 많이 재배했으면 하는 마음 간절할 뿐이다.

1980년대는 밀이 사라지더니 2010년대는 보리가 사라지고 지금은 콩이 점점 사라지고 있으니 다음은 쌀, 바로 벼가 아닌가 말이다. 이러다가 우리의 먹거리 농산물은 사라지고 외국산에 의지 할 날이 오지 않을까 싶어 걱정된다.

지천에 천대 받고 팔려있는 식물이 명약 261

115
팥(적소두)

아주 옛날 어느 노인이 길을 가는데 밭에서 먼지가 펄펄 나기에 가보니 콩과 팥이 싸움을 하고 있었는데 콩은 어찌나 많이 맞았는지 시퍼렇게 멍이 들어 파란 콩이 되고, 너무나 많이 맞아 피멍이 들어 빨간 팥이 되었다는 이야기가 전해오듯 팥은 붉은 팥이 많다.

콩과의 1년생초이다. 콩과 비슷하게 생겼지만 콩잎보다 얇고 연하고 바싹바싹 소리가 나고 각도 더 잘 져있다.

꼬투리는 콩보다 길지만 가늘고 알도 작다. 팥은 붉은 팥이 대부분이지만 옛날 가뭄에 대파용으로 많이 사용하여 쉰날만에 거둘 수 있다는 쉰날거리란 팥은 검은 팥이다.

팥은 부드러워 밥에 앉혀 놓으면 밥맛이 좋다. 그래서 생일날이나 정월 대보름 이월, 연등절에는 오곡밥에 팥을 꼭 넣는다.

팥은 6월에서 7월달에 파종하여 9월말 내지 10월에 수확을 한다.

약제로는 소염, 이뇨, 변비 각기로 인한 부종에 쓰인다.

붉은 팥 20~30g을 삶아서 하루 세번 공복하면 좋다.

천대받던 잡곡들이 요즈음 귀한 대접을 받고 있다.

콩, 팥, 기장, 조, 들깨 등 잡곡들이 정말 귀한 것이 되고 말았다.

116
무우(내복근)

무하며는 구덩이에 묻어 놓고 꽁꽁 얼어붙은 겨울에 신선한 것을 먹고 싶을 때, 꺼내어 먹는 뿌리 채 소중의 하나이다.

요즈음은 각가지 과일류가 많아 어린애들의 군것질하는데 먹고 지내기에는 좋을 뿐 아니라 외국의 농산물과 각종 과일류가 마구 밀려들어옴으로 해서 풍부하게 먹기까지 하는데, 삼십년전만 하여도 파일이 그리 흔하지도 않아서 겨울에는 집집마다 무 우를 묻어 놓고 먹고 싶을 때 꺼내어 먹기까지 하였다.

그런데 옛날에는 장난으로 여겨왔는데 지금은 남의 물건은 물론이고 묻어 놓은 무우를 장난으로 꺼내었다 해도 도둑으로 몰아붙일 것이다. 옛날에는 나누어 먹거나 모르고 가져왔다해도 도둑이 아니고 장난으로 여겼는데 지금은 모든 것이 도둑으로 여기는 것이다.

무는 우리 식탁에서 빠지지 않는 채소인데 뿌리와 잎을 먹는 만큼 어느 하나 내버리는 것이 없다. 무는 1년 사계절 재배하고 있는 봄 무는 봄 무대로의 맛이 있고 여름무는 열무김치로 한몫을 하고 가을 무는 추어탕 국거리로 좋으며 서리를 맞고 살얼음이 어는 초겨울에는 김장김치와 겨울철 시래기와 무말랭이 단무지로서 적격한 맛을 낸다.

무는 겨잣과(십자홧과)에 딸린 한해살이 또는 두해살이 풀로서 잎은 뿌리 위쪽에 모여나고 자줏색 또는 흰색의 내잎꽃이 올라오는 부분은 푸른 빛을 띠고 살이 많으며 수분도 많다.

서부아시아에서부터 재배되어 왔으며 수분이 90%에 이르고 지방, 단백질, 섬유질, 회분, 인, 석탄 등의 구성으로서 『아린』이란 성분이 있음으로 맵고 아릿한 맛이 있으며 이런 것에서 얻어지는 것이 개자유로서 교미재로 생선요리나 각가지 먹거리 용으로 쓰여왔다.

무 껍질에는 비타민C가 속보다 2,5배 정도가 많이 들어있고, 잎에는 또한 비타민 A ,B, C가 있어서 무 전체에는 『디아스타제』와 『가락타제』 『글리코타제』 등의 효소가 있어서 식품 겸 약품의 효능이 있기도 하다. 무우는 봄, 여름, 가을 무 중에서 가을무우의 성분이 제일 좋다.

무를 한약재로 쓰거나 민간요법으로 쓰이기는 수십 종에 달하고 있는데 무씨를 한약명으로 나복자라하여 이뇨, 소염, 양혈, 변비, 진해 거담제로 쓰이고 있는 만큼 불머리를 앓고 있을 때 동치미 국물과 무 생즙을 마시고, 입속이 헐었을 때는 무생즙으로 닦고 씻어내는 치료제로도 쓰이고 구강출혈에 무를 물고 있으면 피가 멈춘다.

그리고 여름철에 무좀이 심할 때는 무나 무씨를 삶은 물에 발을 씻고 양말을 빨아 신으면 무좀의 치료도 되고 예방도 된다. 변비에는 무 잎을 살짝 삶아서 기름에 무쳐 먹으면 좋고, 밀가루 음식에 체했을 때에는 무 생즙을 마시면 소화제가 되기도 한다. 식품의 산도를 높이기도 한다. 생선회에 무를 썰어 넣는 것도 이 때문이다.

기침에 효과가 있는데 1cm정도로 네모지게 썰어서 병에 담고 조청이나 꿀을 부어 2~3일 두면 무의 물이 다 빠지고 맑은 물이 있는데 이것은 호흡기 질환이 있는 사람이 먹으면 효과가 있다.

무는 우리에게 배추와 함께 친숙한 채소중의 하나인데 붉은 색, 흰색, 푸른 색, 검은 색의 무도 있고 특히 김치로 많이 사용하고 있다.

무의 원산지는 코오커스 남부에서 그리이스에 이르는 지중해 연안이라고 한다.

본인은 수년전부터 경주지방의 토박이 땅이름과 말, 사투리 등을 조사하는데 그중에서 무와 관계된 땅이름이 있기에 여기 소개할까 한다.

 경주 탑정동12통(탑리3리)의 식혜골이란 곳이 있는데 이곳에는 해마다 봄이면 무 장다리가 올라와서 꽃이 피고 씨가 맺히며는 뱁새란 새가 날아와서 무씨를 다 따먹고 가기 때문에 뱁새들이라고 한다고 마을 주민들은 전하고 있다. 경주지방에서는 무를 보고 『무시』라고 하고 있다.

 무도 배추와 같이 흉작이면 값이 비싸지만 풍작이라며는 그냥 밭에 내버리는 것을 자주 볼 수 있는데 이것을 극복하는 지혜를 찾아야 할 것이다. 외국 농산물이 물밀듯이 들어와서 우리 농산물과 한약재에도 큰 타격을 주고 있지만 그렇다고 당장 우리 농촌이 사라지고 농업을 포기하고 농민이 죽는 것이 아닌 만큼 이 어려움을 극복하고 살아가는 사람만이 참 농민상을 심어준다고 볼 수 있겠다

저자 프로필

수상

* 1980년 제2회 전국 농산물 품평회 유기 농산물 부분 (콩: 재래종) 특상
* 1993년 한국 생약협회 표창패
* 2004년 문학세계 신인 문학상 (수필부문)
* 2014년 자유문학 민조시 3회 추천 완료.
* 2016년 한국신춘문예 신인작품상(시부문)
* 현재 / 신라문화 동인회 자료분과 위원장.
          남경주 문화 연구회 부회장
* 2017년 제1회 자랑스런 경주의 문화인상 (경주문화원)
*2017년 제29회 경주시 문화상)
*2017 년 제29회 경주시 문화상
      문화 예술 부문
한국유기농업협회 평생회원

저서

* 토박이 땅이름(1993년)
* 풀꽃 나무들아 (2014년 한국신춘문예)
* 토박이 마을 땅이름과 나무(2017년 리얼북스
*농부와 수녀의 유별난 한글사랑(2016 만인사) 등 다수